水电站坝后背管结构数值仿真分析研究

马文亮 著

中国水利水电出版社
www.waterpub.com.cn
·北京·

内 容 提 要

本书共 8 章，以龙开口水电站坝后背管结构为例，介绍了该电站坝后背管结构布置情况，建立了坝后背管结构计算模型，对坝后背管和进水口渐变段钢衬结构进行了受力分析；对坝体结构的应力及变形进行了分析及计算，考察了坝后背管结构对坝体结构的影响；对钢衬钢筋混凝土坝后背管进行弹塑性分析，开展了混凝土与钢衬的全面接触、两者共同承受内水压力，以及混凝土进入弹性—塑性—开裂等发展过程的研究；开展了采用垫层钢管代替伸缩节的可行性研究，研究蜗壳钢衬与外包混凝土间光滑接触与摩擦接触对蜗壳结构的影响。研究内容采用图表等形式表达，内容丰富易懂，研究成果为钢衬钢筋混凝土坝后背管结构的设计和施工提供了一定的参考依据。

本书可为水工结构工程领域工程师、设计人员、施工技术人员和研究人员提供参考，也可供大中专院校水利工程相关专业师生学习和参考。

图书在版编目（CIP）数据

水电站坝后背管结构数值仿真分析研究 / 马文亮著
. -- 北京 ： 中国水利水电出版社，2016.8
ISBN 978-7-5170-4685-1

Ⅰ. ①水… Ⅱ. ①马… Ⅲ. ①水力发电站—钢筋混凝土压力管—结构—计算机仿真—研究 Ⅳ. ①TV732.4

中国版本图书馆CIP数据核字(2016)第211321号

书　　名	**水电站坝后背管结构数值仿真分析研究** SHUIDIANZHAN BAHOU BEIGUAN JIEGOU SHUZHI FANGZHEN FENXI YANJIU
作　　者	马文亮　著
出版发行	中国水利水电出版社 （北京市海淀区玉渊潭南路 1 号 D 座　100038） 网址：www. waterpub. com. cn E - mail：sales@ waterpub. com. cn 电话：(010) 68367658（营销中心）
经　　售	北京科水图书销售中心（零售） 电话：(010) 88383994、63202643、68545874 全国各地新华书店和相关出版物销售网点
排　　版	北京时代澄宇科技有限公司
印　　刷	北京京华虎彩印刷有限公司
规　　格	184mm×260mm　16 开本　10 印张　218 千字
版　　次	2016 年 8 月第 1 版　2016 年 8 月第 1 次印刷
定　　价	**36.00 元**

前　言

　　水电站引水管道是水力发电系统的主动脉，其受力特点和结构型式十分复杂，且与水电站发电厂房非常接近，因此该类结构一旦发生安全事故，将会造成巨大的损失，所以其结构安全性十分重要，持续受到工程和研究人员的关注。其中，压力管道结构的布置形式和结构型式是关注的重点内容，20 世纪 70 年代末，苏联提出了钢衬钢筋混凝土坝后背管结构。坝后背管是一种较新型的水力发电引水系统，具有如下优点：①与坝内埋管相比，便于布置，可以将进水口抬高从而减少对坝体的削弱，有利于坝身安全；②坝体与输水管道分开施工互不干扰，因此可以提高坝体质量和施工进度；③有利于合理安排工程施工进度，使水电站提前发电盈利；④允许管道外包混凝土开裂，使钢筋承担部分内水压力，降低钢板厚度、减小安装难度及降低投资成本；⑤利用外包钢筋混凝土承载，避免由钢管材质及焊缝缺陷引起的破坏，对与压力输水管道相连的发电厂房不用专门保护；⑥在高寒地区有利于钢管防冻。基于上述优点，近年来坝后背管结构得到了广泛应用，已在克拉斯诺亚尔斯克、契尔盖依、萨扬-舒申斯克、东江、紧水滩、李家峡、五强溪、公伯峡、隔河岩、紫坪铺、金安桥及三峡等国内外多个大中型电站中得到应用。由于坝后背管在施工和承载等方面存在很多优点，同时也存在一些如结构优化和安全评估等方面的难点问题，近年来是压力管道研究中的热点问题。

　　本书以龙开口水电站坝后背管结构为例，介绍了该电站坝后背管结构布置情况，建立了坝后背管结构计算模型，对坝后背管和进水口渐变段钢衬结构进行了受力分析，对采用垫层钢管代替伸缩节进行了研究，分析了垫层钢管对蜗壳结构的影响。本书作者为华北水利水电大学的马文亮老师。本书在成稿过程中得到了中国水电顾问集团公司华东勘测设计研究院，以及华北水利水电大学刘东常教授和张多新副教授的大力支持与帮助，在此一并表示诚挚的谢意。

　　限于作者水平，水中内容难免有疏漏和不妥之处，敬请广大读者批评指正。

作　者

2016 年 7 月

目 录 /

第1章 水电站坝后背管结构布置

1.1 工程概况

龙开口水电站位于云南省鹤庆县中江乡境内的金沙江中游河段上,是规划中金沙江中游河段 8 个梯级电站的第 6 级电站,上接金安桥水电站,下邻鲁地拉水电站。电站地理位置适中,距昆明、攀枝花和大理的直线距离分别为 565km、266km 和 226km,距鹤庆县县城公路里程约 120km,距上游金安桥水电站约 39km。该电站作为"云电送粤"的一个电源点,在电力系统中可做调峰运行,缓解广东电网的调峰问题,并可承担部分备用容量。电站装机容量 1800MW,在上游龙盘水库投入前,与金安桥电站联合运行时保证出力301.6MW,多年平均发电量为 78.29 亿 kW·h;在上游龙盘水库投入后,电站保证出力752.9MW,多年平均发电量为 87.35 亿 kW·h。

该电站工程为一等工程,挡水、泄洪、引水、发电等主要建筑物按 1 级建筑物设计,次要建筑物按 3 级建筑物设计。挡水建筑物为混凝土重力坝,采用坝后式厂房,装机 5台,供水方式为单管单机,坝后背管;进水口右侧为 1 个冲沙孔,左侧为 2 个泄洪中孔,共同保证进水口门前清。

进水口为深式短管压力式,采用单机单管,共有 5 个进水孔道。进水口底板高程1262.64m。拦污栅布置在悬出上游坝面 9m 的平台上,平台高程底 1259.00m,5 台机的拦污栅相互连通,为一列连续式布置。拦污栅中墩厚 1.6m,边墩厚 1.3m,顺水流方向长度均为 5m,拦污栅墩与坝体之间以及拦污栅墩之间分别用联系梁和胸墙连接,以增强其刚度。每条引水道栅孔尺寸为 5×4.8m×31m(孔数×宽×高)。进水口设工作拦污栅槽和备用拦污栅槽各一道,拦污栅后设平板检修闸门和平板快速闸门各一道;进水口中心线与水平线呈 20°夹角,收缩段四周均为椭圆。收缩前进水口最大断面为 12.8m×15.5m(宽×高),收缩后为 8.8m×10.0m 的矩形,经渐变段后渐变为直径 10.0m 的圆形。引水道从快速闸门槽下游侧采用钢板衬砌,压力引水钢管由方管段、渐变段、上弯段、斜直段、下弯管和下水平段组成。钢管斜直段采用坝后背管,倾角与下游坝面相同,坡度为 1:0.75,钢管中心线高于下游坝面 1.5m,外包钢筋混凝土厚度 1.5m,上弯管、下弯管转弯半径均为 30m,下弯管后的水平段进入厂房。

该工程进水口规模大（单机额定引用流量 600m³/s），引水钢管内径较大，直径为10m，为巨型钢管，受力复杂，在安全的前提下，为了尽可能节省投资，需对钢管受力进行研究，确定合理的钢管及外包混凝土的材料及结构型式，为设计提供依据。另外，开展水电站坝后背管结构布置国内工程实践的研究，另外，开展水电站坝后背管结构布置的工程实践研究，收集和整理相关工程资料，具有重要的理论意义和实际应用价值。

1.2　坝后背管结构应用概况

水电站坝后厂房背管结构方案，将钢衬钢筋混凝土压力管道布置在坝下游面上，已于20 世纪 60 年代，在苏联的克拉斯诺亚尔斯克水电站上采用。当时克拉斯诺亚尔斯克水电站在苏联是首次采用这种形式的压力管道。

我国在借鉴苏联经验的基础上，于 20 世纪 70 年代末开始设计东江和紧水滩两座拱坝后式电站时，决定采用坝下游面钢衬钢筋混凝土管道。这是在我国国内首次采用这种管道，并且完成了大量的设计、研究以及电站的建设工作，于 80 年代投产后运行至今，积累了一定的原型观测的成果。在这以后的李家峡、五强溪和三峡水电站相继决定采用坝下游面钢衬钢筋混凝土管道，而且把这种管道的研究工作列入了国家重点研究项目，取得了相当丰富的成果。这些电站的管道已投产安装，运行正常，但有的尚待高水位的考验。这几个电站的建设，把我国的这类管道的技术水平提高到了新的阶段。广东锦江水电站装机容量为 25MW，虽然装机容量不大，但是我国第一座采用碾压混凝土重力坝下游面钢衬钢筋混凝土压力管道的水电站。云南伊萨河二级水电站管道，设计水头 994m，是我国第一座采用地面钢衬钢筋混凝土压力管道的水电站，由于采用了钢衬钢筋混凝土结构，较好地解决了明钢管方案和地下埋管方案遇到的技术经济困难。隔河岩水电站、公伯峡水电站、紫坪铺水电站相继采用了地面钢衬钢筋混凝土压力管道。我国水电站钢衬钢筋混凝土压力管道参数见表 1.1。

表 1.1　　　　　　　　我国水电站钢衬钢筋混凝土管道主要参数

参数 \ 电站 布置方式	东江	紧水滩	李家峡	五强溪	锦江	三峡	隔河岩	伊萨河	公伯峡	紫坪铺
	坝下游面								地面	
坝型	拱坝	拱坝	拱坝	重力坝	辗压混凝土重力坝	重力坝	重力拱坝		面板堆石坝	面板堆石坝
坝高/m	157	102	161	87.5	60	175	151		139	156
最大设计水头/m	162	105	152	80	50.4	139.5	180	994	134	169
管道内径/m	5.2	4.5	8.0	11.2	3.4	12.4	8.0	1.0	8.0	7.0
钢衬壁厚/mm	14～18	14～18	20～30	18～22	12	26～34	32～46	24～26	16～34	32～40
钢筋混凝土壁厚/m	2.0	1.0	1.5	3.0	0.4	2.0	1.0	0.35	1.5	0.8

1.3　钢衬钢筋混凝土背管结构

1.3.1　钢衬钢筋混凝土背管结构设计成果

1. 依萨河二级水电站

依萨河二级水电站是一座特高水头电站，压力管道最大设计压力 9.94MPa，当采用 16MnR 钢板设计明钢管时，最大管壁厚度达 36mm，根据《水电站压力钢管设计规范》（SL 281—2003）规定的构造要求，当钢管壁厚大于 30mm 时，应在卷板和焊接后做消除应力热处理。同时，在特高水头作用下，明钢管结构总给人以不安全感，必须采取特殊的防爆措施，增加工程投资。根据初设报告的建议，经云南省建委审查同意，决定将壁厚为 32～36mm、长度为 281.31m 的特高压明钢管改为钢衬钢筋混凝土地面管。

2. 三峡水电站

三峡水电站重力坝高 175m，安装有 26 台单机容量为 70 万 kW 的水轮发电机组，用 26 条压力管道向水轮机输水，引水钢管内直径为 12.4m，HD 值为 1730m·m，属于世界特大型水电站压力钢管，其特点是管径大、水头高、数量多。管道采用钢衬钢筋混凝土管道结构，布置在下游坝面浅槽内，外露坝面以外约 2/3。钢管外包钢筋混凝土厚度为 2.0m，钢衬为 16Mn 钢板，厚度为 28～34mm，钢管布置有 3 层环筋，斜直段下部钢衬厚度为 32mm，管道环向布置 3 层 HRB335 级钢筋，内层 ϕ 45@20，中、外层 ϕ 45@16.7。

3. 东江水电站

东江水电站是我国第一座采用下游坝面钢衬钢筋混凝土压力管道的水电站。大坝为变圆心、变半径双曲拱坝，坝高 157m。该电站装有 4 台单机容量为 12.5 万 kW 的水轮发电机组，4 条引水管道敷设在下游坝面，每条引水管道总长 174m。下游坝面管和水平管段均采用钢衬钢筋混凝土联合受力结构。钢管内径 5.2m，外包钢筋混凝土厚度为 2.0m 及 1.5m。钢衬选用 16Mn 钢材，厚度 14～16mm，水平管段厚度 18mm，环向钢筋在斜直段末端配筋 3 层，分别为 4ϕ 36、4ϕ 36 和 5ϕ 36。该工程于 1987 年竣工。由于我国在当时是首次采用这种新型结构，所以在设计中采取了"双保险"设计方法，既按整体结构进行强度设计，又对钢衬和钢筋混凝土管分别单独承载进行校核。

4. 紧水滩水电站

紧水滩电站为坝后式厂房，安装水轮发电机组 6 台，单机容量 5 万 kW，总容量 30 万 kW。电站设计发电头 69m，单机发电流量 84.7m³/s，设计年发电量 4.9 亿 kW·h，装机年利用小时 1633h。保证出力 3.03 万 kW。采用单机单管引水。钢管直径为 4.5m，设计内水压力（设计洪水位加水击压力）$P=1.05$MPa。6 条钢管总长度 473.22m，进口工作闸门由固定式油压启门机控制，检修门、拦污栅由操作平台上的移动式斜吊门机控制。主厂房，位于坝后左右两侧中孔溢洪道之间，由 6 个机组段和 1 个装配间段组成，安装型号为 HL220-Lj-300 水轮机和型号为 SF-K50-30/6400 发电机组各 6 台。

1.3.2　钢衬钢筋混凝土背管结构试验成果

1. 东江水电站

东江水电站 4 条引水管道背管采用钢管外包钢筋混凝土结构型式，外包混凝土厚度分别为 2.0m 及 1.5m。管道与坝体的连接设计，采用了键槽与锚筋并用的结构处理措施。按接缝面平均剪应力值推算，键槽承受的最大剪应力达 1.67～1.77MPa，超过了混凝土的抗剪强度设计值 1.26～1.76MPa（混凝土采用 C15～C20），因此沿键槽表面布置防止剪切破坏的受力钢筋；同时还沿键槽周边布置了垂直于缝面的锚筋，防止缝面拉开并分担一部分缝面剪力。根据设计计算，钢衬选用 16 锰钢板，背管段钢板厚 14～16mm，水平管段钢板厚 18mm；环向钢筋采用直径为 32～36mm 的 HRB335 级钢筋，按 2～3 层布置，高程 194.00m 以下布置环向钢筋 3 层，194.00m 以上内、外各布置 1 层。对于钢衬与钢筋混凝土联合工作的应力状态、管材的承载比以及超载情况下管道结构的破坏机理与安全度等，国内还缺乏经验。为此，根据东江坝后背管设计条件进行了仿真材料结构模型试验研究。试验模型采用 1∶20 和 1∶5 两种几何比尺。1∶20 小模型，共制作 6 组圆环和马蹄形断面模型 18 个，委托武汉水利电力大学进行试验，1∶5 大模型试验在东江工地进行，制作筒体模型 2 个，主要参数列于表 1.2。

表 1.2　　　　　　　　东江水电站 1∶5 马蹄形模型试验主要参数

模型编号	钢衬内径/mm	钢衬厚度/mm	管壁混凝土厚度/mm	环筋配置（直径、层数）	钢筋折算厚度/mm	钢筋品种	实测混凝土抗压强度弹性模量
东 1 号	1040	4	400	12mm、3 层	4.24	HPB235 级	$\dfrac{39.2}{28.4\times10^{3}}$
东 2 号	1040	4	400	12mm、2 层	2.83	HRB335 级	$\dfrac{44.1}{31.4\times10^{3}}$

注　钢衬采用 A-Ⅱ钢板；实测混凝土龄期 100d。

2. 依萨河二级水电站

试验模型是根据管道最大压力断面结构制作的，采用 1∶1 的比尺，其结构配筋是按配筋优化成果设置的，模型材料采用现场施工原料。为减小轴向力对试验成果的影响，模型未采用传统的闷头形成加压腔，而是在钢衬内装一内套管，在钢衬和内套管的端头用环形钢管焊接密封形成加压腔。试验中采用油压系统加压，并根据计算成果确定不同加载阶段的加压级差，以便捕捉各种特征荷载。1号模型分两阶段进行，第一阶段因加压系统供油跟不上，加压至26MPa时压力表读数回落，稳压在24.6MPa时终止试验，第二阶段加压至27MPa时因密封环焊缝撕裂喷油而终止试验。2号模型一次加压至28.5MPa，仍因密封环焊缝撕裂喷油而终止试验，但两个模型结构均未彻底破坏。主要试验成果见表1.3。

表 1.3　　　　　　　　　　依萨河二级水电站钢衬钢筋应力值　　　　　　　　　单位：MPa

模型	部位 应力 荷载	钢衬			内层钢筋			外层钢筋		
		管顶 应力	最大 应力	上半圆 平均应力	管顶 应力	最大 应力	上半圆 平均应力	管顶 应力	最大 应力	上半圆 平均应力
1号 模型	4.0	32.9	45.8	34.2	30.3	36.1	29.3	22.3	22.3	16.5
	9.94	150.4	170.6	150.2	131.8	131.8	118.5	102.9	102.9	89.2
	16.0	335.0	335.0	325.0	311.9	311.9	256.1	203.3	226.0	199.6
	16.5	335.0	335.0	329.3						
	17.5				344.7	344.7	315.7	252.2	287.8	242.4
	18.5				374.3	374.3	367.2	308.5	338.7	295.9
	19.6							371.0	371.0	365.5
2号 模型	4.0	25.7	50.4	27.3	21.4	29.3	24.6	14.3	16.3	13.5
	9.4	98.3	133.4	100.6	82.5	99.1	82.2	40.4	75.4	65.2
	21.0	266.6	320.2	271.3				178.4	204.9	190.5
	22.0	335.0	335.0	335.0	338.8	374.3	299.1	269.1	294.0	276.8
	23.0				374.3	374.3	335.0	344.3	371.0	356.9

20世纪80年代以来，国内进行了数十个不同比尺的模型破坏试验，获得了极为丰富的试验数据。模型均按几何相似和物理相似的原理设计，选用原型仿真材料，几何比尺各异。其中有四组大比尺的仿真材料结构模型试验，分别是由中南勘测设计研究院于1985年完成的东江水电站管道结构模型试验（1:5），由原武汉水利电力大学于1996年完成的三峡水电站管道斜直段结构模型试验（1:2），由广西大学于1996年完成的三峡水电站管道下弯段（1:9）和上弯段（1:9.3）两组结构模型试验。钢衬钢筋混凝土压力管道结构模型试验的目的，是研究结构从加载到破坏的全过程，以评估结构的抗破坏所具有的真实安全度。量测内容主要有应变、变形、缝宽及裂缝发展状况。

研究成果如下：

（1）结构受力特征规律。

1）管道结构在各内压荷载阶段钢衬与外包混凝土可以良好地联合工作，共同承受内水压荷载。

2）在混凝土出现径向裂缝前后，钢材和混凝土承载比有很大差别。混凝土开裂前，由混凝土承担大部分内水压荷载，钢材的应力水平不高，距屈服强度甚远。若干径向裂缝出现后，混凝土基本不承担内水压力，但可继续传递径向应力，由钢衬和各层环筋承担内水压荷载，钢材的应力明显提高。

3）在出现若干径向裂缝后，各层钢材的应力分布状况是：圆筒一侧应力相对较高，坝体一侧应力相对较低。在同一断面上（如 90°、180°），钢衬与各层环筋的环向应力也不同，主要取决于配筋情况。对同一层环筋，混凝土裂缝附近的钢筋应力高于其他部位的钢筋应力。

4）随着内水压荷载的增加，各层钢材相继达到屈服，由于结构内部应力进行调整，直到最后一层钢材屈服时，结构仍保持整体状态。

5）在结构屈服后继续加载，结构产生大的变形，并未发生爆裂现象，终因变形过大而无法承载。结构表现出良好的延性。

（2）裂缝性态。

1）马蹄形管道初裂位置比较确定，通常都在 0°或者 180°断面即管道半圆与直边交接部位，这是结构设计的控制断面。

2）初裂荷载与外包混凝土厚度和含钢率有关。增加混凝土厚度，可提高初裂荷载；提高含钢率亦能提高初裂荷载。

3）裂缝形状沿径向一般为"内窄外宽"，这一现象是管道的结构特点决定的。

4）裂缝开度主要受外包混凝土厚度和布筋方式的影响。减薄混凝土，裂缝开度减小；在含钢总量相同的情况下，调整布筋方式，加密外层布筋能有效控制裂缝最大开度。

5）裂缝大多发生在圆筒一侧且分布较均匀，在设计内水压作用下，均不向坝体延伸。在大多数模型试验中，径向裂缝基本上是贯穿性的通缝。

6）大坝对管道产生的轴向压力将会导致管道在内水压力作用下混凝土管壁裂缝提前发生，但对缝宽影响不大，第一裂缝位置不因有轴向力而改变。

1.3.3 钢衬钢筋混凝土背管结构观测成果

1. 依萨河二级水电站

为检验施工质量，校验设计成果，核定管道的安全度，结合现场压力管道水压试验，在钢衬钢筋混凝土管两个设计段的最大压力处设置观测断面进行原型观测。原型观测项目有应变量测、变形量测、钢衬与混凝土的间隙量测及裂缝宽度量测，测点按 X、Y 向四等分方位布置。量测结果表明，管顶产生的变形和应力最大，而腰部和底部因受基础的约束而相对较小，现将设计荷载作用下管顶的量测值列于表1.4。

表 1.4　　　　　设计荷载时管顶原型观测值

量测断面	设计压力/MPa	钢材应力/MPa			混凝土外缘变形/mm		裂缝/mm		间隙/mm
		$\sigma_{\theta 1}$	$\sigma_{\theta 2}$	$\sigma_{\theta 3}$	顶部	腰部	条数	宽度	
I-I	9.86	150.8	82.4	80.2	0.6	0.07 0.03	3	0.16	0.218
II-II	9.02	161.1	111.1	94.8	0.54	0.04 0.05	2	0.15	0.214

通过模型试验和原型断面观测，取得了大量数据，现将设计荷载作用下计算分析、模型试验、原型观测的各层钢环最大应力和有关参数列于表1.5，将管顶的各层钢环应力列于表1.6。

表 1.5　　　　　设计荷载作用下有关参数（一）

断面	方法	钢材应力/MPa			初裂荷载/MPa	安全系数	间隙/mm	内外力平衡误差/%	变形/mm	裂缝宽度/mm	备注
		$\sigma_{\theta 1}$	$\sigma_{\theta 2}$	$\sigma_{\theta 3}$							
I-I 断面 1号 模型	计算方法一	178.1	140.3	89.6	3.45	1.85	0.1	-0.75			没有连接件
		189.0	108.2	69.2	5.30	1.74	0.2	-0.75			没有连接件
	计算方法二	189.1	128.9	137.2	5.02	1.75	0.1	-7.3			没有连接件
	模型试验	170.6	131.8	102.9	4.4	1.93	0.1~0.2	3.5	0.74	0.19	没有连接件
I-I 断面 2号 模型	计算方法二	174.4	144.8	173.4	3.3	1.89	0	-4.8			有连接件
	模型试验	193.2	99.1	75.4	4.5	2.59		28.1	0.53	0.16	有连接件
	原型观测	150.8	82.4	80.2	4.9	2.08	0.218	6.2	0.6	0.16	有连接件
II-II 断面	计算方法一	177.1	140.9	90.1		1.86	0.1				没有连接件
		188.2	108.7	69.5		1.75	0.2				没有连接件
	原型观测	161.1	111.1	94.8	4.9	2.02	0.214	-4.2	0.54	0.15	有连接件

表 1-6　　　　　设计荷载作用下有关参数（二）

断面	方法	管顶钢材应力/MPa			间隙值/mm	备注
		$\sigma_{\theta 1}$	$\sigma_{\theta 2}$	$\sigma_{\theta 3}$		
I-I 断面 1号 模型	计算方法一	178.1	140.3	89.6	0.1	没有连接件
		189.01	108.2	69.2	0.2	没有连接件
	计算方法二	189.1	103.6	76.39	0.1	没有连接件
	模型试验	150.4	131.8	102.9	0.1~0.2	没有连接件

续表

断面 \ 方法 \ 项目		管顶钢材应力/MPa			间隙值 /mm	备注
		$\sigma_{\theta1}$	$\sigma_{\theta2}$	$\sigma_{\theta3}$		
I—I 断面 2 号 模型	计算方法二	174.4	132.91	107.98		有连接件
	模型试验	98.3	82.5	40.4		有连接件
	原型观测	150.8	88.6	88.1	0.218	有连接件
II—II 断面	计算方法一	177.1	140.9	90.1	0.1	没有连接件
		188.2	108.7	69.5	0.2	没有连接件
	原型观测	161.1	111.1	94.8	0.218	有连接件

2. 东江水电站管道的原型观测资料

东江水电站管道的原型观测资料是我国坝下游面钢衬钢筋混凝土管道最早获得的原型观测资料，因此本书中对其作了较详细的陈述。但是必须强调指出，这些资料是在库水位低于正常水位约 30m 时测得的，特别是当时未发现管道混凝土管壁有裂缝，至少在观测断面处没有裂缝。观测结果中钢衬、钢筋的应力均较低，也可以说明这一点。对于钢衬钢筋混凝土管道，不论在何种荷载作用下，只要混凝土不开裂，由于材料的变位相容，钢衬和钢筋的应力不高，远低于其设计许可值。这种状况下，管道的强度安全度远高于设计许可值。因此无须分析钢材的应力量值。混凝土管壁发生裂缝，特别是贯通裂缝（由于外荷载或温度作用、施工因素引起）后，裂缝处混凝土不再参与受拉，由钢材承受全部拉力。但是混凝土开裂后，该处混凝土温度变形松弛，因而钢材原有的温度应力发生质的变化。

1.4 进水口渐变段钢衬结构

1.4.1 刘家峡水电站

刘家峡水电站安装 5 台水轮发电机组，总装机容量为 1160MW，年平均发电量为 57 亿 kW·h。水电站厂房设计为地下坝后混合式，1 号、2 号两台机组和安装间设在右岸地下，3 号、4 号、5 号三台机组设在坝后。机组进水口均设于主坝迎水面，底坎高程 1680.00m，水库正常蓄水位为 1735.00m。1 号、2 号机为地下引水隧洞。压力引水钢管自闸门后由方形渐变为直径 7.0m 的圆形钢管，全部采用 16 锰钢或 15 锰钒钢板。3 号、4 号、5 号机组引水钢管为坝内钢管，快速门槽后为 5.5m 长的渐变段。由 7m×8m 的长方形渐变为直径 7.0m 的圆形断面。整个管段除进水口未设钢衬外，其余部分均设 16 锰和

15锰钒的钢衬。

地下压力引水洞设计的基本原则主要是：引水隧洞按1级建筑物标准进行设计，因洞身埋藏在地下，不校核地震情况，不计温度应力。进口部分外水位假定在右岸副坝趾排水涵洞高程1710.00m左右，外水压力约为30m。引水隧洞衬砌设计中考虑钢板、混凝土、岩石的联合作用，并考虑钢管全部承受内水压力作为校核情况。在内水压力作用下，考虑钢板及外圈混凝土衬砌联合作用。外荷载作用，由外圈混凝土承担。混凝土允许开裂。还应该校核在外水压力作用下钢管的稳定。

坝后钢管上弯段与斜直段设计的基本原则是：钢管不参与承担坝体应力荷载。在外水压力荷载下，考虑钢管与混凝土联合作用。

1号水轮发电机组于1969年3月29日正式并网运行，截至1993年已有24年的运行时间。1993年3月14日1号机组停机大修，发现排水泵启动频繁，进水口水声大，落下检修门经过初步检查发现，左侧主轨变位，止水镜板与水封不能吻合；二期混凝土与主轨座板相接处拉开一条裂缝；渐变段钢衬失稳变形，已不能继续运行。刘家峡水电厂会同西北勘测设计院、甘肃省电力研究所等单位组成联合调查组，对1号机工作门槽、渐变段及钢管等部位进行了详细检查和测量。检查出如下主要问题：

（1）左侧裂缝与主轨变位。左侧主轨与二期混凝土相接处拉开一条裂缝，在进水口底坎高程1680.00m处缝宽5.1cm，裂缝从底部向上延伸至7.7m处。裂缝沿主轨座板的侧面开裂，形成下大上小的三角形，裂缝最大深度达54cm。

（2）钢衬板及钢管失稳变形。钢衬板及钢管失稳变形主要发生在左侧，包括与主轨连接的封板，渐变段钢衬板以及同渐变段相连接的钢管严重失稳变形。钢衬板最大鼓起高度为56cm，长度达8m，总面积达40余m²。

（3）钢衬板、钢管与混凝土之间脱空。进水口渐变段及其四周、闸门底板、门楣护板几乎全部脱空，尤其是闸门底板脱空部分已同外界全部连通。斜直管段钢管脱空也十分严重，有很多地方已连片串通，总面积达250m²。

（4）内部检查情况。钢衬板切除后，发现二期混凝土破碎，侧面无插筋，与原设计不符。

1号机工作门槽、渐变段、钢管失稳破坏原因。这次引起主轨变位、钢管失稳的直接原因是由外水压力造成的。

（1）设计方面的原因。进口部分的外水位假定在1710.00m左右，外水压力约为30m水头。水头设计中只考虑了外水位在右岸副坝坝趾排水涵洞的高程，而未考虑水库正常蓄水位1735.00m的高程。因而导致进水口与渐变段的钢衬不能承担设计水位为55.00m的水头压力，所以一旦库水进入钢衬背后，就会造成失稳破坏。同时设计中也没有明显的防止库水进入钢衬背后的措施。

（2）施工方面的原因。从内部检查的情况看，发现二期混凝土非常破碎，有很多石子及混凝土碎渣掉出，可以看出当时混凝土施工存在着振捣不密实，有局部蜂窝现象；另外，就是进水口侧面原设计有插筋，每米一根，实际上在施工中给减掉了，造成了薄弱环节；再就是钢衬板与混凝土之间黏结不良，特别是进口底板及主轨座板与混凝土接缝处未处理好，造成外水入侵的条件。

（3）管理方面的原因。在运行期间，随着发电机组的大修或扩修，虽然对机组工作闸门槽、钢管进行了不同程度的检查，但这些检查都是表面的宏观性质的检查，没有进行细致的水工金属结构安全监督检查，因而可能放过了事故预兆。

1.4.2　破坏原因分析

从水电站进水口段钢衬结构破坏的实例可以看出，是由于进水口段钢衬与混凝土间呈不连续岛状分布的初始缝隙存在，以及混凝土施工中存在着振捣不密实，有局部蜂窝现象，原设计的插筋被减少等因素，使薄板结构的抗弯刚度大大降低，结果发生薄钢板屈曲大变形破坏，这种问题在力学上称为结构刚度问题。钢衬薄板结构在受到法向外水压力作用下，由于钢衬与混凝土间存在着施工缺陷及插筋被减少，致使钢衬薄板结构的抗弯刚度很弱，钢衬薄板结构的受力条件越来越恶化，最后形成钢衬大变形屈曲破坏，而薄板结构的这种大变形屈曲破坏问题不属于结构稳定性问题。从大变形屈曲破坏过程来看，进水口段钢衬结构破坏过程经历了以下几个阶段：刚开始薄板结构在受到外水压力作用下使钢衬与混凝土剥离，形成钢衬与混凝土间的初始缝隙或施工缺陷进一步扩大，致使钢衬薄板结构受到外水压力作用更加严重，受力条件进一步恶化；然后钢衬薄板结构变形屈曲发展进一步扩大，钢衬薄板结构弯曲大变形及受力条件更加严重；最后钢衬薄板结构发展为大变形屈曲破坏。在结构分析上称这类问题为几何非线性的大变形问题。很显然，要想改善进水口段薄钢板结构的受力条件，减少钢板与混凝土间的缺陷因素影响，在设计上要增加加劲环及锚筋对钢衬薄板结构的法向支撑，在施工上要求混凝土浇筑密实，防止缺陷及插筋连接紧密，以保证进水口段钢衬结构的刚度及强度。

1.5　坝后背管结构取消伸缩节研究

1.5.1　取消伸缩节的工程实例

20 世纪 80 年代以前，厂坝间采用套筒式伸缩节的工程常因漏水问题难以维修，不得不采取其他补救措施，实际上就是某种程度上的取消。国内 20 世纪 80 年代以来所建成的高混凝土坝坝后式厂房，厂坝间大多取消了常规的套筒式伸缩节。前苏联地区在最近 25

年来所建成的十余座高混凝土坝，包括 200m 以上的高拱坝坝后式厂房，厂坝间大多取消了伸缩节。所以，取消厂坝间的压力钢管伸缩节，国内外已不乏先例（表 1.7）。如国内的三峡电站、李家峡电站、岩滩电站、水口电站、安康电站、石泉电站和盐锅峡电站等；国外有俄罗斯的萨扬-舒申斯克电站、委内瑞拉的古里电站以及法国的坚尼西亚电站等。这些水电站运行多年，到目前为止，尚无因取消伸缩节而引起事故的报道。取消厂坝间伸缩节的工程实践证明，只要采取适宜的工程结构措施，取消伸缩节经济合理，技术可行。

表 1.7 国内外大中型压力钢管取消伸缩节工程实例

国 家	水电站名称	静水头 H/m	管径 D/m	HD/m²	管道型式
法国	坚尼西亚	64.50	5.75	371	重力坝埋管
委内瑞拉	古里	155.00	11.40	1767	重力坝背管
俄罗斯	契尔盖	210.00	5.50	1155	拱坝背管
	萨扬-舒申斯克	228.00	7.50	1710	拱坝背管
中国	盐锅峡	42.55	5.63	240	重力坝埋管
	石泉	52.86	5.50	291	重力坝埋管
	安康	90.50	7.50	679	重力坝埋管
	水口	62.10	10.50	642	重力坝埋管
	岩滩	68.50	10.80	740	重力坝埋管
	碧口				地下埋管
	白山		8.80		露天钢管
	李家峡	138.50	8.0	1108	拱坝背管

我国白山水电站二期工程，水电站引水隧洞与大坝之间采用一段明管，管径 8.8m，布置为空间弯管。设计过程关于是否设置伸缩节的问题，进行了大量的工作，结果打破常规，取消了三向伸缩节和镇墩。碧口水电站，运行中因伸缩节严重漏水而焊死，伸缩节室也用混凝土回填。安康大坝地质条件之差闻名国内，但是也取消了厂坝间的伸缩节。尽管这几座电站都有各自的特殊性，但到目前运行正常，没有出现任何问题。

我国 20 世纪 80 年代建成的两座水电站：东江水电站和紧水滩水电站，前者在厂坝分缝处设有伸缩节，起调节分缝处管道变位的作用；后者在背管斜直段上设有双向伸缩节，起消减坝体变位对管道的影响和降低管坝接缝面上的剪应力的作用。原型观测结果表明，这两个工程的伸缩节都起到了作用，但是这两个位置不同的伸缩节的作用是不能替代的。说明应在同一管道上布置两个伸缩节，但是两个电站均只布置了一个，没有布置的部位自运行以来尚未发现问题，说明这两处伸缩节都不是必须布置的，均可能取消。

1. 三峡水电站

关于用垫层管取代伸缩节，俄罗斯专家认为：根据俄罗斯有关设计规范计算分析成果，1～6 号岸坡坝段用垫层管取代伸缩节，其厂坝间的相对位移和转角小，在任何季节合拢钢管的应力均在允许应力范围内，可以用垫层管取代伸缩节；7～14 号河床坝段的相对位移值也在允许范围之内，钢管应力绝大部分在允许应力范围内，仅局部应力超过允许应力，若合理选择合拢时间，河床坝段伸缩节也可取消。为确保河床坝段垫层管的安全，俄罗斯专家建议采用：加厚垫层管四周垫层厚度，由 3cm 增加到 5cm；垫层管底部设置排水，并埋设监测仪器；垫层管外包钢筋混凝土，钢筋混凝土可按全水头设计；垫层管不设加劲环，其两端钢管设置止推环。考虑到 1～6 号岸坡坝段垫层管两端的相对位移小，钢管的应力在任何季节合拢都能满足允许应力的要求，鉴于俄罗斯有 20 多年采用垫层管取代伸缩节的实践和成功经验，确定用垫层管取代伸缩节。7～14 号河床段垫层管采取必要的工程措施后也可取消伸缩节，后经综合比较 7～14 号河床坝段选用波纹管外套常规止水的复合伸缩节，垫层管允许应力，根据我国压力管道的设计规范，按明管设计，采用系数 0.55；考虑为垫层管外包混凝土，可采用系数 1.1；主厂房内明管允许应力降低 20%，乘以系数 0.8；焊缝系数 0.95；并取钢材设计强度为 408.7MPa（实际钢材屈服强度为 460MPa）；长江水利委员会考虑上述系数后，确定 600N 级钢板允许应力为 188MPa。按俄罗斯有关规范计算 600N 级钢材允许应力为 230MPa。即同样钢材、同样工作条件，俄罗斯采用的允许应力为我国的 1.22 倍。因垫层管外包钢筋混凝土，且不在主厂房内，不应再乘 0.8 的系数，按我国规范计算其允许应力即可提高到 235MPa，与俄罗斯取值相当。垫层管的合拢时间，俄罗斯专家认为，4 月和 10 月初合拢有利，长江水利委员会计算分析认为夏季合拢有利，故需进一步论证。1～6 号岸坡坝段钢衬凑合焊缝可设在主厂房蜗壳打压的闷头部位。

2. 鸭池河水电站

鸭池河水电站引水工程中的坝后背管取消伸缩节问题是一项新的研究课题。坝后背管结构在混凝土与背管接触之间的压应力过大，建议在背管与填充混凝土的接触的范围内设置软垫层，以便减少压应力及对结构位移进行补偿，以改善背管下弯段断面与混凝土之间的接触应力过大致使管壳局部稳定性的问题。上述讨论提出了两个研究问题：①是否需要设置伸缩节；②如果取消伸缩节，采用什么样的结构措施来代替伸缩节的作用，保证坝体及背管结构安全。第一个问题已经给出了解答，认为存在取消伸缩节的可能性。第二个问题是采用什么样的结构方案来取消伸缩节。通过研究，认为在背管与填充混凝土的接触的范围内设置软垫层，以减少压应力，并对结构位移进行补偿。在鸭池河水电站坝后背管取消伸缩节的研究中，于背管下弯段四周 360°范围内，在钢衬及混凝土之间设置厚度为 6cm 的软垫层。采取这种加软垫层的措施，结构的相对变位得到了补偿。使钢管各断面上的环向应力及轴向应力分布较均匀，受力合理，改善了背管下弯段与混凝土之间的接触应力过大状况，避免了下弯段管壳局部失稳问题。

鸭池河水电站坝后背管取消伸缩节的研究，考查了单一温变因素对结构产生的影响。

图 1.1 及图 1.2 分别给出了温变从 0℃升至＋20℃及从 0℃降至－20℃的过程中各断面控制点上应力增量曲线。其中（a）、（b）、（c）、（d）分别给出了坝后背管横断面 2、断面 4、断面 7、断面 8 上应力增量曲线，而坝后背管横断面 2 为由平段进入上弯段的断面、断面 4 为由上弯段进入斜直段的断面、断面 7 为下弯段中间的断面、断面 8 为由下弯段进入下直段的断面。A 点为管底、G 点为近河道侧、M 点为管顶、T 点为右坝肩点。由图 1.1 及图 1.2 可以看出，温变因素对结构各断面的控制点上产生的应力增量值较少，而且应力方向主要沿压力钢管的轴向，这种单一温变因素产生的应力增量在结构等效的 Mises 应力值中占有很低的份额。

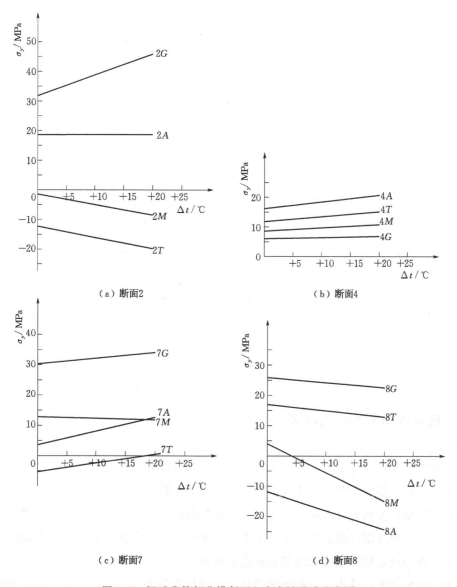

图 1.1　坝后背管部分横断面上应力随温升变化图

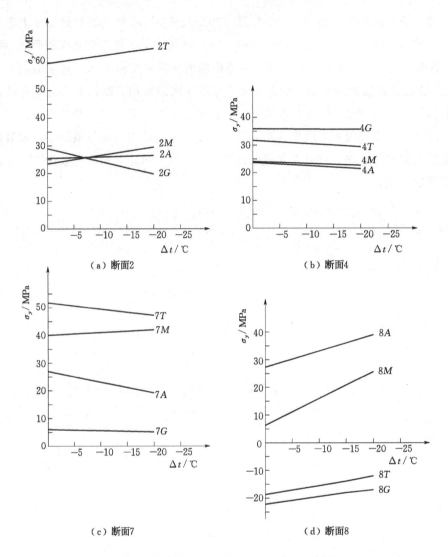

图 1.2　坝后背管部分横断面上应力随温降变化图

1.5.2　取消伸缩节的观测成果

取消伸缩节后，一般需采用其他工程措施以降低钢管应力，保证运行安全。根据已有的工程经验，这些措施主要有：厂坝间共用钢筋混凝土基础；设置一段明钢管以适应缝两端的不均匀变形；伸缩管段上预留环缝，待初期蓄水后变位差已大部分完成再焊接；设置软垫层以控制管段外围混凝土的开裂；不做接触灌浆以保持钢管与外围混凝土分开，适应微小变形；加强施工期和运行期的变形和应力观测。

在当前的伸缩节设计中，一般钢管的轴向设计位移值为 25mm，径向位移（或不均匀沉陷）为 5mm，若以此为依据设计钢管，所有的钢管都不可能取消伸缩节。但是水利部西北勘测设计院通过对龙羊峡水电站伸缩节的原型观测发现，轴向变位（2.46～2.58mm）约为设计值的1/10，径向变位（1.0mm）仅为设计值的1/5。而五强溪、三峡、李家峡和安康水电站取消伸缩节后，通过有限元的计算分析均与龙羊峡水电站的实测结果基本一致。中国水利水电科学研究院和中南勘测设计研究院给出的五强溪取消伸缩节报告，顺河向变位分别为2.6mm和1.85～3.19mm，厂坝分缝处沉陷值分别为0.5mm和1.75mm。安康和岩滩下水平段钢管过缝处轴向位移计算值分别为1.7mm和小于1.9mm。可见现行伸缩节设计中钢管的位移值取得过大，因此取消伸缩节是可能的。

天湖水电站位于广西壮族自治区全州县境内，距桂林市138km，电站设计毛水头1074m，含间接水击水头后，$H=1187$m；含直接水击水头后，$H=1500$m；最大引用流量7.04m³/s，设计安装4台冲击式水轮发电机组，装机容量60MW，近期为30MW，于1992年11月投产，一直正常运行。压力钢管下段1200m长为明管，直径为1m，最大壁厚46mm；每条钢管末端设Y形岔管向2台机组供水，支管直径为0.7m，壁厚34～40mm，岔管埋设在25号镇墩内。25号镇墩的管轴线分岔处至厂房内的球阀，相距23.64m。距25号镇墩轴线6.725m的支管上，布置有一伸缩节。机组停机时，球阀关闭，静水头1074m，将产生水平推力4049kN，全部由近厂房的镇墩和副厂房基础来承担；此支管镇墩设在软基上，摩擦系数0.40；按计算每条支管应设一个体积为815m³的钢筋混凝土镇墩，相当于8m×10m×10m。尺寸如此之大，是难于布置的，既影响美观，又无太大实用价值，因为镇墩在软基上，要与副房厂一起承受超过4049kN的水平推力，必然会产生很大的位移。这样会导致相当大一部分力传给副厂房基础及球阀，危及球阀安全，而体积为1304.1m³的25号镇墩又无法效力。于是承担电站设计的桂林水电勘测设计院提出了是否取消钢管伸缩节问题。取消伸缩节后，水平推力由25号镇墩和副厂房基础共同承担，确保了球阀的安全，运行情况证明，结论是正确的。

由于在计算中做了许多假设，希望用原型观测进行验证。由于条件限制，未做长期观测，只试机时进行观测。具体做法是在球阀与机组连接处用千分表进行观测，发电机墩视为静止不动，球阀厂家要求球阀的水平位移不超过2mm。由计算得知，当$H=1187$m时，球阀和井底地面的相对位移为0.73mm。现场原型实测值为，当$H=1250$m时，相对位移为0.40mm，小于计算值，说明计算结果比较符合实际，几年来运行正常。按计算成果，当温度升降时，位移略有变化，但远未达到极限值2mm。

1.5.3　取消伸缩节后的经济效应

李家峡水电站每个伸缩节总投资约为242万元（1993年价格），若取消伸缩节可节约投资160万元，4个伸缩节共可节约640万元。五强溪水电站取消伸缩节，每条钢管可节省钢材10t，节省造价10万元（1989年价格）。安康水电站4条钢管取消伸缩节共可节约钢材26～28t，节约造价18万～20万元（1980年价格）。可见取消水电站压力钢管的伸缩节，经济效益十分可观。

1.6　龙开口水电站坝后背管结构方案

龙开口水电站进水口渐变段结构钢材，取国产钢材 16MnR，钢板厚度按 20mm 进行了计算。

龙开口水电站引水工程中的压力钢管结构型式为坝后背管钢衬钢筋混凝土结构。通过研究，给出了坝后背管外包混凝土厚度为 1.5m、2.0m。龙开口水电站钢管材料，分别取国产钢材 16MnR 及调质钢两种钢板，钢板厚度按 20mm、24mm、26mm 及 28mm 四种进行了计算。

第2章 水电站坝后背管结构计算模型

2.1 计算模型概述

2.1.1 龙开口水电站坝后背管

龙开口水电站工程结构挡水建筑物为混凝土重力坝，采用坝后式厂房。该工程的挡水、泄洪、引水、发电等主要建筑物按 1 级建筑物设计。引水钢管采用单机单管坝后背管方式，装机 5 台。进水口为深式短管压力式，进水口中心线与水平线呈 20°夹角，收缩段四周均为椭圆。收缩前进水口最大断面为 12.8m×15.5m （宽×高），收缩后为 8.8m×10.0m 的矩形，经渐变段后渐变为直径 10.0m 的圆形。引水道从工作闸门槽下游侧采用钢板衬砌，压力引水钢管由方管段、渐变段、上弯段、斜直段、下弯管和下水平段组成。钢管斜直段采用坝后背管，倾角与下游坝面相同，坡度为 1：0.75，钢管中心线高于下游坝面 1.5m，外包钢筋混凝土厚度 1.5m，上弯管、下弯管转弯半径均为 30m，下弯管后的水平段进入厂房。由于该工程进水口规模大，引水钢管为巨型钢管，受力复杂，为在安全的前提下，尽可能节省投资，需对钢管受力进行研究，确定合理的钢管及外包混凝土的材料及结构型式，为设计提供依据。

2.1.2 坝后背管结构研究

在我国采用坝下游面钢衬钢筋混凝土管道的工程有李家峡、五强溪、三峡及锦江等水电站。这些工程的管道研究工作相继被列入了国家重点研究项目，取得了相当丰富的成果，从而使我国的管道技术水平提高到了新的阶段。在采用辗压混凝土重力坝下游面钢衬钢筋混凝土压力管道的工程实践中，广东锦江水电站是我国的第一座水电站，它的工程实践将为龙开口水电站工程结构的设计及研究提供可以借鉴的经验。

在龙开口水电站采用碾压混凝土重力坝下游面钢衬钢筋混凝土压力管道的研究中，借鉴已建的工程实践经验，建立龙开口水电站坝后背管结构的计算模型，讨论计算模型的实施方案、边界条件模拟及计算技术等问题，给出各种计算模型的计算条件及计算工况，研究针对不同结构型式列出具体的专题研究内容。例如，进水口渐变段钢衬结构，在受到内部真空度产生的法向吸力作用时的钢衬结构刚度问题；钢衬钢筋混凝土压力钢管结构，在进行弹塑性分析时，混凝土表面裂缝出现的规律及背管的极限承载力问题；考虑各种荷载、温变等因素的作用下，垫层钢管代替伸缩节的可行性研究；以及计算管坝结合面应力，并设计管坝连接的插筋等问题。通过研究，建立龙开口水电站坝后背管结构分析的结构整体计算模型及专项研究的局部计算模型。采用结构的整体计算模型，对渐变段钢衬结构进行的刚度分析问题；考虑各种荷载、温变等因素的作用下，垫层钢管代替伸缩节的研究及管坝结合面连接的插筋设计等问题的研究。采用专项研究的局部计算模型，对钢衬钢筋混凝土压力钢管结构进行弹塑性分析及背管结构方案的研究，渐变段钢衬结构在受到法向吸力作用时的钢衬结构刚度问题。有时整体计算模型与专项研究的局部计算模型的研究内容有所穿插，并相互进行补充。下面将介绍龙开口水电站坝后背管结构分析的结构整体计算模型。通过研究，为工程结构设计提供可供参考理论依据。

2.2　坝后背管结构计算模型

2.2.1　坝体结构图

龙开口水电站工程挡水建筑物为混凝土重力坝，采用坝后式厂房。

2.2.2　模型模拟范围

龙开口重力坝及坝后背管结构分析的坐标系如下选取，取坝体结构的上游面为坐标系为 X 轴的基准面，沿横河向指向左岸取为 Y 轴的正向，自坝顶向上为 Z 轴的正向，如图 2.1 所示。

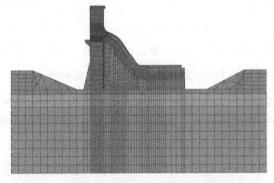

图 2.1　龙开口重力坝结构模型及模拟范围

龙开口重力坝坝后背管结构模型模拟范围如图 2.2 所示。沿横河向取 17 号坝段的为典型坝体、其岩石基础及由进水口至厂房结构间的引水管道作为计算对象（该坝段计算是按平面应变问题选取典型坝体计算模型的，并由此确定结构的横河向位移边界条件）。横河向取 37m，建立三维有限元分析方法的厂坝连接处结构分析的力学模型。沿顺河向向下游（X 轴正向）取 238.5m、向上游取岩体 110.0m 重力坝下、上游基础面，分别称为模型的上游铅直面和下游铅直面。沿横河向左取为 16.5m、向右取为 20.5m 分别为模型左、右铅直面。自坝顶垂直向下取至岩顶为重力坝模型的水平底面，即重力坝高度为 110.0m，由水平底面向下取岩体至 110.0m 为重力坝基础的水平底面。岩体顺河向长度为 348.5m。即整个范围约为 37m×348.5m×220m（横河向×顺河向×总高度）。上述结构计算模型的模拟范围对于坝后背管结构来说，应该是能够得到保证计算精度的计算成果。

龙开口水电站压力引水钢管是从工作闸门槽下游侧采用钢板衬砌开始，由方管段、渐变段、上弯段、斜直段、下弯管和下水平段组成。钢管斜直段采用坝后背管，倾角与下游坝面相同，坡度为 1：0.75，钢管中心线高于下游坝面 1.5m，外包钢筋混凝土厚度 1.5m，上弯管、下弯管转弯半径均为 30m，下弯管后的水平段进入厂房，引水钢管直径为 10m，为巨型钢管。由于进水口为深式短管压力式，引水道结构复杂，为了对压力引水钢管受力进行分析，给出如图 2.2 所示的计算模型。

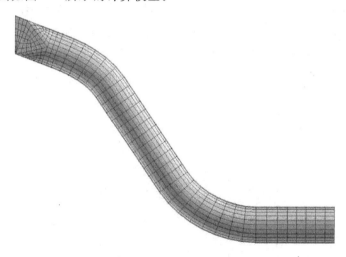

图 2.2　坝后背管结构有限元划分

2.2.3　单元的选用

1. 8 节点等参壳体单元

8 节点等参壳体单元选用 SHELL93 单元，如图 2.3 所示。SHELL 93 单元特别适应于模拟曲壳，这种单元有 8 个节点、4 个角节点、4 个中间节点，其形函数是二次函数，每个节点上有 6 个自由度，即 3 个平动自由度和 3 个转动自由度，这种单元具有塑性、应力刚化、大变形和大应变的特性。为了对压力引水钢管受力进行分析，采用 SHELL 93 壳体单元划分成如图 2.2 给出的坝后背管结构有限元划分图。

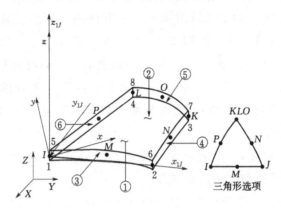

图 2.3　8 节点等参壳体单元

2. 20 节点等参块体单元

20 节点等参块体单元选用 SOLID 95 单元，如图 2.4 所示。SOLID 95 单元是三维 20 节点单元的一种高阶单元，这种单元在模拟不规则边界时不会降低精度，SOLID 95 单元具有和曲边相容的变形形状，能很好地模拟曲边边界条件。这种单元具有 20 个节点，每个节点具有 3 个平动自由度，这种单元具有任意的空间坐标。SOLID 95 单元具有塑性、蠕变、应力刚化、大变形和大应变的特性。本研究采用 20 节点等参块体单元选用 SOLID 95 单元，把龙开口重力坝结构划分成如图 2.1 所示的龙开口重力坝结构模型图。

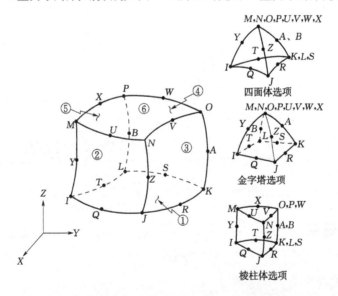

图 2.4　20 节点等参块体单元

3. 刚臂单元

刚臂单元采用拉格朗日罚函数构造罚单元。该刚臂单元是 8 节点等参壳体 SHELL93 单元与 20 节点等参块体 SOLID 95 单元进行连接的连接单元，它保证了 SHELL93 单元与 SOLID 95 单元结点间距离及结点位移的协调。

2.2.4 子结构建模技术

龙开口水电站背管是一个空间结构，对于背管的分析采用 8 节点等参壳体 SHELL93 单元。在结构计算中，必须考虑单元的局部坐标系与结构整体坐标系之间的转换，为此特提出利用子结构的分析思路。现把背管分成一系列的钢管段，而每个钢管段为一个子结构。在每个钢管段分析中，必须把每个壳体单元的局部坐标系统一转换到每个钢管段的坐标系下，我们称此坐标系为子结构坐标系。在背管结构分析中，把每一钢管段的子结构坐标系再转换到结构的整体坐标系下，而后形成背管结构的计算模型。

2.2.5 计算模型规模

龙开口重力坝坝后背管结构模型，如图 2.1 所示。选取 17 号坝段为结构分析对象，建立三维有限元计算分析的力学模型。在所选取的模型模拟范围内，坝体与岩体均为大型块体结构，本计算中将其划分为 20 节点块体单元 SOLID 95。背管可视为壳体结构，将其划分为 8 节点壳体单元 SHELL 93。块单元与壳单元之间通过刚臂单元连接，从而保持其位移协调变形。该计算模型中单元总数为 78043，节点总数为 196505。其中，SOLID 95 单元总数为 73031，SHELL93 单元总数为 1244，刚臂单元总数为 3768。

2.2.6 边界条件

对模型的上游铅直面和下游铅直面施加了应力边界条件，即地应力边界条件。为了确定力边界条件，必须首先确定岩体中的初始应力场。确定地应力通常有两种方法：一种常用的方法是根据自重应力场及构造应力场的特点，确定较符合计算区域地质特点的力边界条件，应利用部分量测数据进行调整和修正；另一种方法是利用量测点的地应力值对非均匀地应力场进行回归分析。本书采用第一种方法确定地应力，在有限元计算过程中把地应力作为单元的初始应力进行计算。在模型的左、右岸侧面上施加了横河向约束。模型的水平底面上施加顺河、横河及铅直 3 个方向的约束，其余表面均为自由面。

2.3　坝后背管结构计算理论

2.3.1　钢管抗外压稳定安全系数

（1）明管的光面管管壁、加劲环间管壁和加劲环抗外压稳定安全系数 $K_c = 2.0$。

（2）地下埋管的光面管管壁、坝内埋管和坝后背管的光面管管壁及锚筋加劲管管壁抗外压稳定安全系数 $K_c = 2.0$。

（3）地下埋管加劲环间管壁和加劲环、坝内埋管和坝后背管的加劲环间管壁和加劲环抗外压稳定安全系数 $K_c = 1.8$。

2.3.2　钢管结构计算公式

（1）钢管结构抗外压稳定验算公式，如

$$K_c p_{0k} \leqslant p_{cr} \tag{2.1}$$

式中　p_{0k}——径向均布外压力标准值；

　　　p_{cr}——抗外压稳定临界压力计算值。

（2）钢管结构构件的抗力限值的计算式，如

$$\sigma_R = \frac{f}{\gamma_0 \psi \gamma_d} \tag{2.2}$$

式中　σ_R——钢管结构构件的抗力限值；

　　　γ_0——结构重要性系数；

　　　ψ——设计状况系数；

　　　γ_d——结构系数；

　　　f——钢管结构强度设计值（在表 2.3 中给出，其中 16MnR 钢板 $f = 300\text{MPa}$，调质钢钢板 $f = 410\text{MPa}$）。

通过计算给出钢管结构构件的抗力限值 σ_R 表，见表 2.1。

表 2.1　　　　　　　　　　　钢管结构材料抗力限值 σ_R 表

管型	设计状况	应力种类	抗力限值/MPa	
			16MnR	调质钢
坝内埋管	持久状况	整体膜应力区	272.7	
		局部应力区	272.7	

管型	设计状况	应力种类	抗力限值/MPa	
			16MnR	调质钢
坝内埋管	偶然状况	整体膜应力区	340.9	
		局部应力区	340.9	
坝后背管	持久状况	整体膜应力区	170.4	232.9
	偶然状况	整体膜应力区	213.0	291.2
垫层钢管	持久状况	整体膜应力区		286.7
	偶然状况	整体膜应力区		358.4

（3）对结构上各点的应力，按第四强度理论计算出 Mises 等效应力，对于一般结构应满足下列强度条件：

$$\sigma = \sqrt{\sigma_\theta^2 + \sigma_y^2 + \sigma_r^2 - \sigma_\theta \sigma_y - \sigma_\theta \sigma_r - \sigma_y \sigma_r + 3 \ (\tau_{\theta y}^2 + \tau_{\theta r}^2 + \tau_{yr}^2)} \leqslant \sigma_R \qquad (2.3)$$

（4）对于钢管结构上的点应满足下列强度条件：

$$\sigma = \sqrt{\sigma_\theta^2 + \sigma_y^2 - \sigma_\theta \sigma_y + 3\tau_{\theta y}^2} \leqslant \sigma_R \qquad (2.4)$$

式中　　σ——作用效应值；

　σ_θ、σ_y、σ_r——环向、轴向、径向正应力；

$\tau_{\theta y}$、$\tau_{\theta r}$、τ_{yr}——剪应力。

2.3.3　背管结构计算思路

龙开口水电站坝后背管的应力、应变分析是与大坝及岩石的结构布置及连接情况相关联的。在背管的分析中，视背管为大坝及岩石结构的子体，而把大坝及岩石结构作为背管的母体。由于背管子体与大坝及岩石母体的连接方式及装配位置等因素的影响，使引水钢管结构产生应力及变形。该研究为龙开口水电站坝后背管的设计提供理论依据。

2.4　坝后背管结构计算资料

1. 荷载性质

龙开口水电站最大发电水头 80.5m，最小发电水头 56.3m，额定水头 68m，水击压力升高值按照 40%考虑。坝前泥沙淤积高程为 1228.80m。

（1）结构自重。坝体、岩体及引水钢管等结构自重，自重计算时重力加速度取值为

$9.8 \mathrm{m/s^2}$，作为体力进行计算。

（2）校核洪水位水荷载。校核洪水位（$P=0.02\%$）1301.01m，考虑水锤作用，计算时按面力进行计算。

（3）设计洪水位水荷载。设计洪水位（$P=0.2\%$）1298.00m；考虑水锤作用，计算时按面力进行计算。

（4）死水位水荷载。死水位高程为 1290.00m，考虑水锤作用，计算时按面力进行计算。

（5）正常蓄水位水荷载。正常蓄水位高程为 1298.00m，考虑水锤作用，计算时按面力进行计算。

（6）温变荷载。大气温度及水温的变化对结构的应力状态有较大的影响。以龙开口坝区区址提供的实测资料统计，多年平均气温为 19.8℃，极端最高气温 41.8℃，极端最低气温−2.1℃，一年中以 6 月份气温最高，多年平均 6 月气温为 27.8℃，一年中以 12 月份气温最低，多年平均 12 月份为 11.7℃。坝区平均水温 13.8℃，实测 7 月份最高水温 21.6℃，实测 1 月份最低水温 7.2℃。坝区多年气温及水温特征值见表 2.2。

表 2.2　　　　　　　　　　坝区多年气温及水温特征值表　　　　　　　　单位:℃

项　　目		坝址部位
气温	多年平均	19.8
	极端最高	41.8
	极端最低	−2.1
水温	年平均水温	13.8
	1 月平均水温（最低）	7.2
	7 月平均水温（最高）	21.6

根据当地的气温和水温条件，取气温的温变为温升$+22.0$℃，温降为-21.9℃，水温的温变为温升$+7.8$℃，温降为-6.6℃。根据混凝土结构设计规范，当温度在 0～100℃范围内时，混凝土的线膨胀系数 α_c 可采用 $1 \times 10^{-5}/℃$。钢管的线膨胀系数取为 $1.2 \times 10^{-5}/℃$。

2. 计算工况

（1）正常运行工况：结构自重＋永久设备重＋上游正常蓄水位和下游设计洪水位的静水压力＋水重＋浪压力＋扬压力＋泥沙压力＋温升。

（2）校核洪水工况：结构自重＋永久设备重＋上、下游校核洪水位静的水压力＋水重＋浪压力＋扬压力＋泥沙压力＋温升。

2.5 材料性能参数

2.5.1 坝体材料性能参数

龙开口水电站的拦河坝为碾压混凝土重力坝,坝体材料为 C20,下游面钢衬钢筋混凝土压力管道的混凝土材料为 C25,钢衬钢筋混凝土压力管道结构如果采用预应力技术,则混凝土材料应为 C40,材料性能参数列在表 2.3 中。

表 2.3   坝后背管混凝土和钢材的强度指标参数

材料	抗拉强度/MPa		抗压强度/MPa		泊松比	弹性模量/GPa
	标准值	设计值	标准值	设计值		
C20 混凝土	1.5	1.1	13.5	10.0	0.167	25.5
C25 混凝土	1.75	1.3	17.0	12.5	0.167	28.0
C40 混凝土	2.45	1.8	27.0	19.5	0.167	32.5
16MnR 钢板	325	300	325	300	0.3	206
调质钢	427	410	427	410	0.3	206
Ⅱ级钢筋	335	310	335	310		200
Ⅲ级钢筋(扎筋)	400	360	400	360		200
钢绞线	1860	1260				180

注 建议上平段及上弯段采用 16MnR 钢材,下弯段及下平段采用调质钢钢材。钢材厚度最好不要超过 30mm。钢材重度 78.5kN/m³,预应力钢绞线也可采用实测的弹性模量。

2.5.2 压力钢管材料性能参数

龙开口水电站的引水钢管为坝后背管形式,压力钢管材料拟采用 16MnR 及调质钢钢板钢材,其压力钢管材料性能参数列在表 2.3 中。主筋采用热轧钢筋Ⅱ级,扎筋采用热轧钢筋Ⅲ级,预应力钢绞线材料性能参数列在表 2.3 中。

2.5.3 钢筋材料性能参数

龙开口水电站的引水钢管采用钢衬钢筋混凝土结构,钢筋材料拟采用Ⅱ级钢筋,其材料性能参数列在表 2.3 中。

2.5.4 垫层材料性能参数

龙开口水电站坝后背管的垫层材料可选用 ZX 型聚苯乙烯泡沫板材(简称 PS 泡沫

板）。龙开口水电站坝后背管设置垫层的结构分析，必须解决钢管和垫层的计算模拟问题。计算时将钢管划分为壳体单元，混凝土划分为块体单元，并考虑壳体、块体单元的耦合，垫层用弹簧单元模拟，垫层材料的弹模 $E=4.0\sim3.75MPa$。

2.5.5　坝址岩层性能参数

龙开口水电站的岩体组成，以及龙开口水电站（17 号坝段）地基弹性模量列在表 2.4 中。

表 2.4　　　　　　　　　　　　　第 17 号坝段地基弹性模量一览表

地基岩体类别	坝高/m	E_0 建议值/GPa			混凝土/岩体 f'_k、c'_k 标准值/MPa	淤沙高程/m
		1185.00m高程以上	1185.00～1157.00m	1157.00m高程以下		
Ⅲ₁	100	6～8	8～10	15～18	$f'_k=0.82$ $c'_k=0.61$	1230.00

（1）将钢衬钢筋混凝土作为整体承担内水压力；在各种荷载组合产生的环向应力中，钢衬仅分担由内水压力引起的环向应力；外包钢筋混凝土除分担部分内水压力外，还承担坝体荷载产生的环向应力。

（2）钢衬钢筋混凝土管总安全系数不小于 2.0。

（3）坝管共同工作时，对管道形成的轴向应力由钢衬钢筋混凝土共同承担。

（4）本电站最大发电水头 80.5m，最小发电水头 56.3m，额定水头 68m，水击压力升高值按照 40% 考虑。

2.5.6　材料参数调整

材料参数调整见表 2.5，即原材料动、静弹性模量为一综合值，现按各强度等级分开计算。碾压混凝土强度值龄期按 180d 考虑。上游防渗区混凝土调整为二级配 C20 碾压混凝土。

表 2.5　　　　　　　　　　　　　混凝土材料参数调整

强度等级（龄期/d）		重度/(kN/m³)	静态极限抗压强度标准值/MPa	抗剪断强度标准值/MPa		静态弹性模量/GPa	泊松比
				ρ	C'_{ck}		
常态混凝土	C10（90）	24	9.8	1.08～1.25	1.16～1.45	17.5	0.167
	C15（90）	24	14.3	1.08～1.25	1.16～1.45	22	0.167
	C20（90）	24	18.5	1.08～1.25	1.16～1.45	25.5	0.167

强度等级（龄期/d）		重度/(kN/m³)	静态极限抗压强度标准值/MPa	抗剪断强度标准值/MPa		静态弹性模量/GPa	泊松比
				ρ	C'_{dk}		
碾压混凝土	C10（180）	24	13.5	0.91～1.07	1.21～1.37	17.5	0.167
	C15（180）	24	19.6	0.91～1.07	1.21～1.37	22	0.167
	C20（180）	24	25.4	0.91～1.07	1.21～1.37	25.5	0.167

计算要求，对计算范围内的钢板及钢筋混凝土结构进行弹塑性分析；合理模拟钢管与混凝土或混凝土之间垫层的作用；合理模拟钢管与混凝土的联合受力特性。

2.6　厂坝连接部位计算条件

2.6.1　厂坝连接整体结构

1. 厂坝分界面结构型式选择

厂坝分界面结构分为三个区域，Ⅰ厂房与大坝结构缝错位区，Ⅱ压力钢管预留槽区，Ⅲ除上述区域以外全部分界面。Ⅰ区大坝与厂房之间设永久结构缝，Ⅱ、Ⅲ区为厂坝连接区。厂房坝段混凝土典型分区图如图2.5所示，厂房坝体混凝土典型分区图混凝土材料参数见表2.5。

2. 厂坝连接整体计算

（1）厂坝连接高程方案有两种，其中方案一为厂坝连接高程1220.40m以下；方案二为厂坝连接高程1206.40m以下。

（2）厂坝分界面应力、位移分析要求，依据厂坝整体结构计算成果，提出分界面正应力、剪应力及各向位移的分布图，并推荐合理的连接高程。

2.6.2　计算工况

正常运行工况：结构自重＋永久设备重＋上游正常蓄水位和下游设计洪水位的静水压力＋水重＋浪压力＋扬压力＋泥沙压力。

校核洪水工况：结构自重＋永久设备重＋上、下游校核洪水位静的水压力＋水重＋浪压力＋扬压力＋泥沙压力。

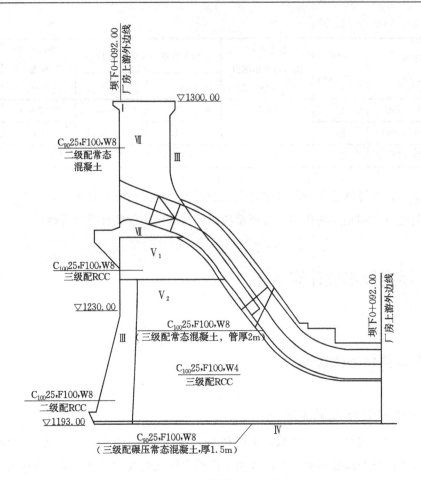

图 2.5　厂房坝段混凝土典型分区图

2.6.3　基础资料

1. 上部结构计算基本资料

(1) 结构断面初拟尺寸。主厂房上部结构（1232.4m 以上）断面初拟尺寸：上（下）游实体墙厚 2m，排架上柱 1.5m×2m（宽×高），排架下柱 1.5m×3m（宽×高）。

吊车梁断面初拟尺寸：1m×2.5m（宽×高）。

(2) 混凝土材料及分区。主厂房水轮机层（1220.4m）以上实体墙、排架柱、梁及下游副厂房各层楼板的混凝土等级为 C25，其他部位均为 C20。

C20、C25 的混凝土物理力学参数（弹性模量、泊松比、轴心抗拉强度、轴心抗压强度、线膨胀系数等）参照《水工混凝土结构设计规范》（SL 191—2008）。

(3) 钢筋。主筋采用热轧钢筋Ⅱ级，箍筋采用热轧钢筋Ⅲ级，设计指标参照《水工混凝土结构设计规范》（SL 191—2008）。

（4）结构计算分项系数。主筋采用热轧钢筋Ⅱ级，箍筋采用热轧钢筋Ⅲ级，设计指标参照《水工混凝土结构设计规范》（SL 191—2008）。

结构重要性系数 $\gamma_0 = 1.1$。设计状况系数：持久状况 $\Psi = 1.0$，短暂状况 $\Psi = 0.95$，偶然状况 $\Psi = 0.85$。

荷载分项系数，参照《水电站厂房设计规范》（SL 266—2001）。

2. 荷载

（1）结构自重。

主厂房：发电机层（1232.4m）楼板按平均板厚0.6m计算，夹层（1226.4m）楼板按平均板厚0.4m计算。

下游副厂房各层楼板按平均板厚0.4m计算。

（2）永久设备重。发电机总重为2301t。水轮机总重为1900t，其中座环重280t。

（3）下游特征水位。厂房下游校核洪水位为（0.1%）1242.65m，厂房下游设计洪水位为（0.5%）1240.09m，厂房下游正常运行水位（满发尾水位）1225.47m，厂房下游最低水位1217.28m。

吊车荷载，龙开口电站主厂房桥机资料，采用两台360＋360双小车式的桥机，跨度30m，单台桥机总重约420t（含小车重，不含平衡梁重），单个小车约重65t，起吊720t用平衡梁重约20t，起吊1440t用平衡梁重约60t，最大轮压 P 为1000kN。一台桥机单侧8个轮子，轮距分布如图2.6所示。两台桥机联合工作时，中心距为12m。一台桥机轮距分布（单位：m），最大轮压时 $P_{max} = 1000$kN，相应的另一侧轮压时 $P_{min} = 462.5$kN，水平横向刹车力时 $T = 22$kN（按两侧所有轮子平均分担计算）纵向水平荷载按作用在一边轨道上所有制动轮的最大轮压之和的5%采用。

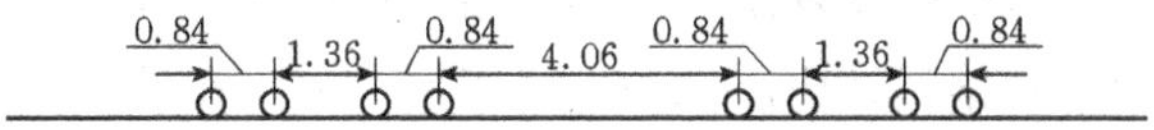

图2.6 龙开口电站主厂房桥机轮距分布图

（4）楼面活荷载。主厂房：发电机层（1232.4m）60kN/m²，夹层（1226.4m）10kN/m²。下游副厂房：尾水平台（1243.5m）20kN/m²，其余各层6kN/m²。

第3章 进水口渐变段钢衬结构计算分析

3.1 进水口渐变段钢衬结构计算概述

对进水口渐变段钢衬结构进行了应力分析及配筋计算。由于进水口渐变段规模大，受力复杂，为了保证钢衬与混凝土间的连接强度，防止进水口钢衬与混凝土剥离而使钢衬发生大变形屈曲破坏，为此讨论进水口渐变段钢衬结构的计算条件及计算工况，进行进水口渐变段钢衬结构的应力及应变分析计算。通过计算，给出钢衬与坝体间的连接应力及分布状态，并推荐配筋方案，保证钢衬与坝体混凝土的连接强度，防止进水口钢衬与混凝土剥离而使钢衬发生屈曲变形，从而为进水口渐变段钢衬结的设计提供了理论依据。

从水电站进水口渐变段钢衬结构已发生的破坏工程事例来看，事故原因：主要是设计、施工及管理等方面，其中在施工方面认为二期混凝土非常破碎，有很多石子及混凝土碎渣掉出，施工存在着振捣不密实，有局部蜂窝现象，原设计有的插筋在施工中给减掉了，钢衬板与混凝土之间粘接不良的等因素。由于在施工过程中产生了大量的缺陷隐患，致使进水口渐变段钢衬结构的强度及刚度缩弱，结果造成进水口渐变段钢板大变形屈曲破坏。研究者认为施工缺陷是钢衬结构破坏的直接因素。为此在设计上提醒我们，怎样保证施工方便，不易产生施工缺陷隐患，于是在设计上要求结构设计简单，各个构件不要过多的相互交叉，避免造成混凝土浇筑的结构死角。一旦出现上述的隐蔽在结构后面的缺陷情况再等待灌浆补救，有时很难奏效。为此在进水口渐变段钢衬结构的设计中，要求结构设计简单，便于施工，在施工过程中不易产生缺陷隐患，保证进水口渐变段钢衬结构的强度及刚度，就成为进水口渐变段钢衬结构设计的关键。

从结构受力上来看，进水口渐变段薄钢板结构在外水压力作用下薄板结构受弯产生弯曲应力（它不像圆形钢管结构在外水压力作用下如拱结构那样产生膜压应力），而这种结构薄板结构的受力条件十分不利。为了改善结构的受力性能，提高钢板结构的抗弯刚度，在结构设计上采用锚筋及加劲肋把进水口渐变段薄钢板锚固在混凝土中，增加进水口渐变段薄钢板结构法向支撑，在薄钢板结构中形成由多点法向支撑的连续薄板结构，使连续薄板结构在法向支撑点处产生反弯矩来提高薄钢板结构的受力条件，保证进水口渐变段薄钢板结构安全。

3.1.1 进水口渐变段钢衬结构研究现状

目前，关于进水口渐变段薄钢板结构在外水压力作用下的研究还比较缺乏。现有的可认为是对渐变段薄钢板结构在外水压力作用下的研究，只有对刘家峡水电站及广东抽水蓄能电站进水口段结构破坏事故发生的现场进行的评估。然而这种评估并没有把结构破坏问题作为薄板结构在法向均布压力作用下的结构刚度及结构强度问题进行研究。在对刘家峡水电站进水口段结构破坏事故发生的现场评估中认为"……渐变段钢衬板以及同渐变段相连接的钢管严重失稳变形……工作门槽、渐变段、钢管失稳破坏原因是由外水压力造成的"，致使对进水口渐变段薄钢板结构缺乏应有的评估及设计原则。

3.1.2 进水口渐变段钢衬外压作用下的分析思路

由进水口渐变段薄钢板在外水压力作用下的分析可以看出，它应该是结构刚度问题，或者是为保证钢衬结构刚度的锚筋及加劲环把进水口渐变段薄钢板锚固在混凝土中的法向支撑构件的强度问题。由于施工方面的原因使进水口渐变段钢衬的刚度缩弱，造成结构在外水压力作用下大变形屈曲破坏，这种破坏问题在力学分析中叫作大变形屈曲破坏问题，或称结构刚度问题。然而，目前在进水口渐变段薄钢板结构研究中，没有把这种薄钢板的破坏问题作为结构刚度问题进行分析。在进水口渐变段薄钢板结构设计中，没有采用结构设计的刚度准则，在分析方法上，没有采用结构刚度分析的方法进行研究。在龙开口水电站进水口渐变段钢衬分析中，我们将把这一问题的分析作为刚度问题进行研究，在钢衬结构设计中，将采用结构刚度分析的方法，采用结构刚度准则进行设计。

3.2 进水口渐变段钢衬结构计算模型

为了提高龙开口水电站进水口渐变段钢衬结构在受到内部真空压力作用下，钢衬结构刚度的问题是人们最为关注的。龙开口水电站进水口渐变段结构可分为进水孔口闸门段及进水口渐变段钢衬等结构部分，如图 3.1 所示。由于进水口渐变段钢衬结构构造形式及结构受力都比较复杂，若采用整体结构计算模型进行分析，将不能很好地反映龙开口水电站进水口渐变段钢衬结构的真正受力，于是在计算中建立了进水口渐变段钢衬结构的局部结构计算模型，并给出钢衬结构计算模型的网格图，如图 3.2 及图 3.3 所示。对于进水口渐变段钢衬结构有限元模型，坝体混凝土将采用 8 节点的块体单元，进水口渐变段钢衬结构，将采用壳体单元，单元有 4 个节点，每个节点上有 6 个自由度（3 个平动自由度和 3 个转动自由度），这种单元具有大变形和大应变的特性。进水口渐变段钢衬结构有限元模型，块体单元 30308 个，板壳单元 1790 个。

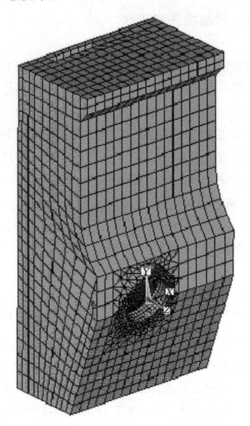

图 3.1　进水口渐变段坝体单元划分

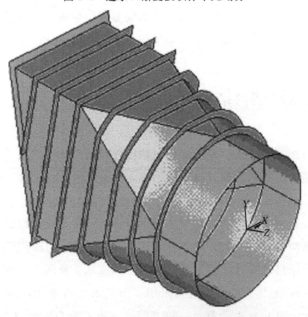

图 3.2　进水口渐变段钢衬及加劲环布置图

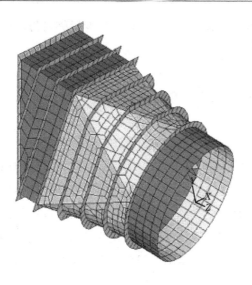

图 3.3 进水口渐变段钢衬结构单元划分图

进水口渐变段钢衬结构是由平板结构向圆柱壳结构过渡的组合结构形式,为了提高结构的承载力,在渐变段钢衬结构上还布置了加劲环并嵌固到坝体混凝土结构中。渐变段钢衬结构受力分析,要研究组合结构的刚度及强度,而组合结构的刚度是依靠加劲环及锚筋结构强度来保证的。在渐变段钢衬结构受力分析过程中,除考虑组合结构的弹性分析之外,还需要结构的接触问题,因而组合结构的受力分析十分复杂。在计算成果的整理中,要按照钢衬结构、加劲环及混凝土等结构的应力及变形计算成果整理,要考查结构的弯曲应力及膜应力,给出渐变段钢衬结构的应力云图,并由此对进水口渐变段钢衬结构进行结构刚度分析。

3.2.1 进水口渐变段钢衬分析计算工况

龙开口水电站进水口渐变段钢衬分析,只考虑钢管放空时的内部真空度 0.2MPa。渐变段仅做部分接触灌浆,在分析中不用考虑接触灌浆压力。还考虑了渐变段钢衬结构在运行工况作用下的受力分析。

3.2.2 进水口渐变段钢衬结构计算内容

在龙开口水电站进水口渐变段钢衬的研究中,考虑钢管放空时的内部真空度 0.2MPa 工况,该工况相当于 20m 外水压力。进水口渐变段钢衬厚度分别取 16mm、18mm、20mm 进行计算。根据《水电站压力钢管设计规范》(DL/T 5141—2001)的规定,要求渐变段钢衬应满足结构的刚度条件,进行结构应力及变位分析,给出渐变段钢衬与加劲环及锚筋之间的连接应力,研究连接渐变段钢衬与加劲环及锚筋的连接强度。通过研究,给出龙开口水电站渐变段钢衬结构受力和变位分析，设计渐变段钢衬与混凝土之间的连接锚筋及加劲环，满足钢衬结构的刚度条件，保证渐变段钢衬结构安全。

3.2.3　进水口渐变段钢衬结构的设计原则

在龙开口水电站进水口渐变段钢衬的研究中，计算工况只考虑钢管放空时的内部真空度 0.2MPa 的作用。在真空作用下进水口渐变段钢衬结构承受向内的均布吸力，在这种均布吸力作用下，主要关注钢衬结构的法向位移，即关注钢衬结构的刚度如何。如果有变形就可能使钢衬与混凝土剥离形成空隙，因而使进水口渐变段钢衬结构的受力条件恶化，致使渐变段钢衬结构刚度差而破坏。可以看出，龙开口水电站进水口渐变段钢衬结构在均布吸力作用下的分析问题，主要是结构刚度问题，而不是稳定性问题。因而在龙开口水电站进水口渐变段钢衬结构的设计中，只能采用结构设计的刚度准则，而不能采用结构稳定性准则。

3.3　进水口渐变段钢衬结构的分析

进水口渐变段钢衬厚度为 20mm，根据《水电站压力钢管设计规范》（DL/T 5141—2001）的规定，要求渐变段钢衬应满足结构的刚度条件，进行结构应力及变位分析，给出渐变段钢衬与混凝土之间的连接应力，研究连接渐变段钢衬的钢筋连接强度，给出龙开口水电站渐变段钢衬结构的刚度条件，保证渐变段钢衬结构安全。

3.3.1　进水口渐变段钢衬结构在真空作用下的分析

进水口渐变段钢衬结构是由平板结构向圆柱壳结构过渡的组合结构型式，渐变段钢衬结构受力分析，要研究组合结构的刚度及强度。在渐变段钢衬结构受力分析过程中，研究组合结构的刚度及加劲环结构强度，除考虑组合结构的弹性分析之外，还需要进行结构的接触问题的受力分析。在计算成果的整理中，要考虑钢衬结构、加劲环及混凝土等结构的应力及变形，给出渐变段钢衬结构的应力云图。

1. 进水口渐变段钢衬结构在真空作用下的变形分析

龙开口水电站进水口渐变段钢衬结构分析，考虑钢管放空时的内部真空度 0.2MPa 的吸力（安全系数取 2），考查渐变段钢衬结构的刚度条件，由图 3.4 给出的渐变段钢衬结构法向位移云图可以看出，钢衬结构的最大法向位移 $\Delta = 0.023$mm，指向钢衬结构的内侧，最大法向位移发生在左、右侧平板的中部，而且法向位移值非常小。根据《水电站压力钢管设计规范》（DL/T 5141—2001）中 11.1.8 条的规定："若钢管刚度不满足吊运和浇注管外混凝土的要求，应在管内外采取必要的加固措施。"另外，根据《水电站厂房设计规范》（SL 266—2001）钢吊车梁最小的容许挠度的规定，即挠度允许值 $\Delta = l_0/750$，其中 l_0 为吊车梁计算跨度；由此可得 $\Delta = 1000/750 = 1.33\mathrm{mm} > 0.023\mathrm{mm}$，认为渐变段钢衬结构的刚度非常大。如果采用《钢结构设计规范》（GB 50017—2003）规定钢吊车梁最小的容许挠度的规定，即挠度允许值 $\Delta = l_0/1200 = 0.833\mathrm{mm} > 0.023\mathrm{mm}$。由此得出，对于两种规范《水电站厂房设计规范》及《钢结构设计规范》最小的容许挠度的规定，进水口渐变段钢衬结构的最大法向位移 $\Delta = 0.023\mathrm{mm}$ 都得到满足，因此渐变段钢衬结构具有足够的刚度，结构是安全的。

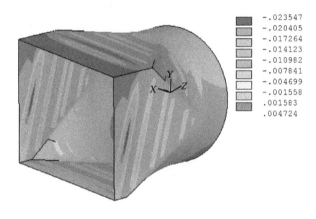

图 3.4　渐变段钢衬结构法向位移图（单位：m）

2. 进水口渐变段钢衬结构在真空作用下的受力分析

进水口渐变段钢衬结构在真空度 0.2MPa 作用下，在钢衬结构的受力分析中给出了钢衬结构的环向应力云图及轴向应力云图，如图 3.5 及图 3.6 所示。由环向应力云图看出，最大的环向拉应力值为 137.0MPa，该值发生在方口段左、右侧面平板的前沿 2 号加劲环处内侧，最大的环向压应力值为 94.4MPa，该值发生在方口段左、右侧面平板的 2 号加劲环处外侧，环向应力的分布沿下游方向是减少的，直至过渡到圆形钢管处受力才变得均匀些，如图 3.7 所示。由轴向应力云图看出，最大的轴向压应力值为 291.0MPa，该值发生在方口段左、右侧面平板的 2 号加劲环处外侧，最大的轴向拉应力值为 267.0MPa，该值发生在方口段左、右侧面平板的 2 号加劲环处外侧。由图 3.5 及图 3.6 看出，最大的环向及轴向应力值都发生在加劲环处的应力集中点上，每遇到加劲环处钢衬的应力变化曲面都会出现应力极值点，而且应力极值沿下游向逐渐降低，请参见图 3.7、图 3.8。另外，可以看出在加劲环处的应力集中点上应力值很高，而其他部位的应力值较低，一般应力值没有超过 42.0MPa，并且应力分布较均匀，请参见图 3.10。为了进行比较在图 3.9 中给出了 2 号加劲环处钢衬环向应力图，由此看出进水口渐变段钢衬结构应力较复杂。

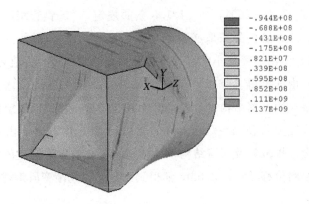

图 3.5　渐变段钢衬结构环向应力云图（单位：Pa）

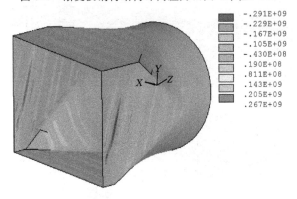

图 3.6　渐变段钢衬结构轴向应力云图（单位：Pa）

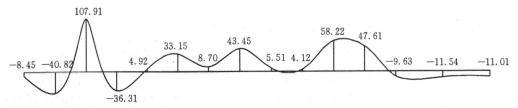

图 3.7　钢衬环向应力沿轴向变化图（单位：MPa）

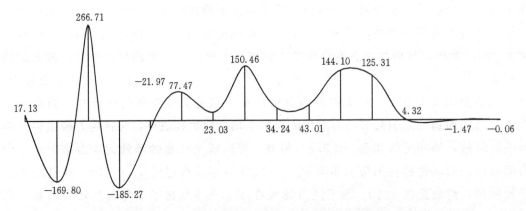

图 3.8　钢衬轴向应力沿轴向变化图（单位：MPa）

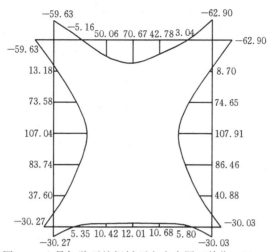

图 3.9 2 号加劲环处钢衬环向应力图（单位：MPa）

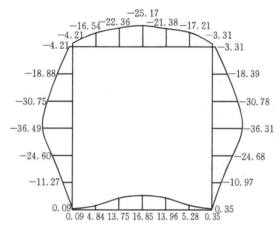

图 3.10 2 号、3 号加劲环间钢衬环向应力图（单位：MPa）

为了更清楚研究渐变段钢衬结构的应力，在图 3.11～图 3.13 给出了钢衬结构的第一主应力云图、第三主应力云图及 Mises 等效应力云图。可以看出，钢衬结构的第一主应力

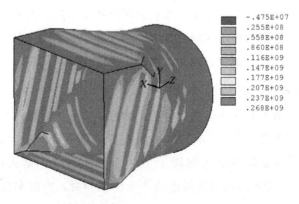

图 3.11 渐变段钢衬结构第一主应力云图（单位：Pa）

云图、第三主应力云图及 Mises 等效应力云图与钢衬结构的环向应力云图及轴向应力云图变化规律是一致的。其中最大的 Mises 等效应力值为 263.0MPa，从结构强度上看，渐变段钢衬结构受力较复杂，钢衬结构除受到弯曲应力的影响之外还有膜应力，这种结构型式不像圆形钢管那样能充分地发挥结构钢材的强度作用。

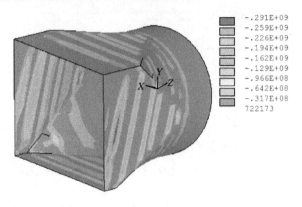

図 3.12　渐变段钢衬结构第三主应力云图（单位：Pa）

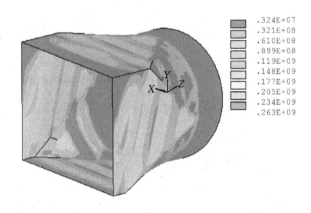

图 3.13　渐变段钢衬结构 Mises 等效应力云图（单位：Pa）

综上所述，进水口渐变段钢衬结构在真空度 0.2MPa 作用下，钢衬结构除有弯曲应力之外还有膜应力，钢衬结构应力较复杂。在加劲环处的应力集中点上应力值很高，而其他部位的应力值较低，一般应力值没有超过 43.0MPa，并且应力分布较均匀。由于钢衬结构应力较复杂，这种结构型式不能很好地发挥钢材的强度作用。

3. 钢衬加劲环结构在真空作用下的受力分析

钢衬加劲环结构在真空作用下的受力分析，给出了 2 号加劲环的环向应力云图及径向应力云图，如图 3.14 及图 3.15 所示。由环向应力云图看出，最大的环向拉应力值为332.0MPa，该值发生在加劲环插入混凝土的 4 个外尖角处，最大的环向压应力值为297.0MPa，该值发生在加劲环与钢衬相连的 4 个内尖角处。由轴向应力云图看出，最大的轴向拉应力值为 118.0MPa，该值发生在加劲环插入混凝土的 4 个外尖角处，最大的轴向压应力值为 84.6MPa，该值发生在加劲环与钢衬相连的 4 个内尖角处。除了尖角部位环向及轴向应力集中区域之外，其余区域应力值分布较均匀。

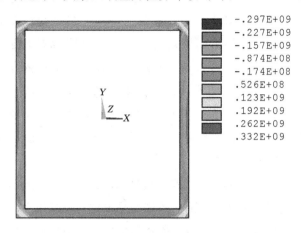

图 3.14　2 号加劲环环向应力云图（单位：Pa）

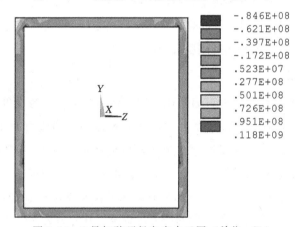

图 3.15　2 号加劲环径向应力云图（单位：Pa）

综上所述，加劲环结构在真空度 0.2MPa 作用下，加劲环结构尖角处的应力集中点上应力值很高，而其他部位的应力值较低，一般应力值没有超过 52.6MPa，并且应力分布较均匀。

3.3.2　渐变段钢衬结构分析及加劲环、锚筋设计

1. 渐变段钢衬及加劲环结构应力分析

龙开口水电站引水钢管进水口渐变段钢衬结构厚度取 20.0mm，在真空度 0.2MPa 作用下钢衬上的最大轴向压应力为 291.0MPa，最大的轴向拉应力值为 267.0MPa，该值发生在 2 号加劲环处的钢衬上。在同样位置的钢衬上同样具有较大环向拉、压应力。对于其余加劲环处轴向及环向拉、压应力值降低很多，而不在加劲

环处的钢衬应力渐趋均匀，并且应力值较低，轴向应力值一般在 $-43.0\sim19.0\mathrm{MPa}$ 范围内，环向应力值一般在 $11.0\mathrm{MPa}$ 左右。进水口渐变段钢衬结构应力变化大的主要原因：①钢衬结构是薄板、薄壳结构，该断面形式不易承受径向分布力而产生的弯曲应力，在径向分布力作用下圆形断面承受是膜应力，圆形断面受力合理；②钢衬薄板、薄壳结构不易承受径向分布力，如果有加劲环存在，它将依靠加劲环的支撑，使钢衬薄板结构产生较大的弯曲应力及膜应力。为此在设计上建议：①在 1～4 号加劲环之间，采取增加径向约束的锚筋及横向加劲肋；②把 1 号、2 号加劲环平行于闸门向布置，向下游面方向的其他加劲环逐渐过渡到与轴向垂直的断面上布置。其目的在于改善钢衬结构应力分布状态均匀化。

由进水口渐变段钢衬结构上的最大位移（0.0235mm）看出，渐变段钢衬结构的刚度比较大，结构安全可靠。另外，在结构的刚度条件上是根据《钢结构设计规范》（GB 50017—2003）关于钢吊车梁最小容许挠度的规定，或者是根据《水电站厂房设计规范》（SL 266—2001）钢吊车梁最小的容许挠度的规定，确定钢衬结构的刚度条件。或者是另有其他标准来给出钢衬结构的刚度条件，比如说，是以钢管与混凝土之间脱空的缝隙大小为标准等。为此建议，建立进水口渐变段钢衬结构的刚度设计准则。

2. 加劲环及锚筋设计

在加劲环（肋）及锚筋设计中，加劲环（加劲环的厚度与钢衬厚度相同）原设计的钢衬上的最大应力为 10.00MPa，而厚度为 16.0mm 的加劲环的应力为 11.11MPa，加劲环的应力水平也较低。为此建议渐变段钢衬加劲环的间距取 2.0m，而在两加劲环的中间增加一排锚筋。其中锚筋的设计结果列在表 3.1 中。由表 3.1 中的锚筋设计计算值看出，锚筋直径分别为 20.0mm、18.0mm、16.0mm 时，在单位宽度上的锚筋数量为 10 根（其应力为 63.7MPa）、10 根（其应力为 78.6MPa）、10 根（其应力为 99.5MPa）根，锚筋的设计能够保证结构是安全的。为此建议每米为 5×2 根（锚筋纵向间距为 0.20m），直径 $\phi=$ 20.0mm，这时锚筋的应力为 63.7MPa，其中锚筋设计布置方案如图 3.16 所示，图中 L 为焊缝长度。可以看出，锚筋应力值都比较低，而且可以缓解加劲环处钢衬的应力集中，保证结构安全可靠。

表 3.1　真空度 0.2MPa 作用下钢衬、加劲肋及锚筋设计

钢衬厚 /mm	应力 /MPa	位移 /mm	加劲环（原设计）			锚筋（建议）			
			环间距 /m	面积 /mm²	应力 /MPa	直径 /mm	横截面积 /mm²	单位宽度锚筋数量/根	应力 /MPa
20	42.00	0.023	1.0	20000	10.00	20	314.0	10	63.7
18	51.85	0.031	1.0	18000	11.11	18	254.3	10	78.6
16	65.62	0.044	1.0	16000	12.50	16	201.0	10	99.5

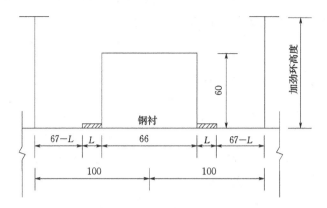

图 3.16 加劲环及锚筋设计布置方案图（单位：cm）

3.3.3 渐变段钢衬结构分析总结

1. 变形分析总结

由进水口渐变段钢衬结构的位移计算结果看出，进水口渐变段钢衬结构的最大法向位移 $\Delta=0.023\text{mm}$，表明渐变段钢衬结构的刚度非常大，渐变段钢衬结构具有足够的刚度，结构是安全的。

由进水口渐变段钢衬结构的位移计算看出，渐变段钢衬结构的刚度条件是根据《钢结构设计规范》（GB 50017—2003），或者是根据《水电站厂房设计规范》（SL 266—2014），确定钢衬结构的刚度条件。或者是另有其他标准来给出钢衬结构的刚度条件，比如说，是以钢管与混凝土之间脱空的缝隙为标准。为此建议，建立进水口渐变段钢衬结构的刚度设计准则。本计算将暂时采用《钢结构设计规范》（GB 50017—2003）及《水电站厂房设计规范》（SL 266—2014）。

2. 应力分析总结

进水口渐变段钢衬结构在真空度 0.2MPa 作用下，在加劲环处的应力集中点上应力值很高，钢衬结构除产生弯曲应力之外还产生膜应力。而在其他部位的应力值较低，并且应力分布较均匀。由此看来，进水口渐变段钢衬的这种结构型式不能很好地发挥钢材的强度作用。

加劲环结构在真空度 0.2MPa 作用下，加劲环结构尖角处的应力集中点上应力值很高，而其他部位的应力值较低，一般应力值没有超过 52.6MPa，并且应力分布较均匀。

进水口渐变段钢衬结构应力变化大的原因有二：①钢衬结构是薄板、薄壳结构，进水口渐变段钢衬结构形式在承受径向分布力而产生的弯曲应力，受力条件差（圆形断面承受是膜应力，圆形断面受力条件合理）；②对于具有加劲环的钢衬薄板结构在受到径向分布力作用时，它将依靠加劲环的支撑，使钢衬薄板结构产生较大的弯曲应力及膜应力。为此在设计上提出以下建议：①在 1～4 号加劲环间，采取增加径向约束的锚筋及横向加劲肋；②把 1 号、2 号加劲环按平行于闸门面布置，下游面以下各加劲环逐渐转换到垂直轴向断面上布置，以改善钢衬结构应力分布状态。

3.4   进水孔口闸门段坝体结构分析

进水孔口闸门段坝体结构分析，要求孔口闸门段坝体结构满足结构强度条件，进行结构应力及变位分析，给出孔口闸门段坝体结构应力，给出进水孔口闸门段坝体结构的强度条件，保证孔口闸门段坝体结构的安全。

3.4.1   变形分析

进水孔口闸门段坝体结构在运行工况作用下的变形分析，其中进水孔口闸门段坝体结构有限元模型图，如图 3.1 所示。

龙开口水电站进水孔口闸门段坝体结构在运行工况作用下的结构分析，考查进水孔口闸门段坝体结构的位移条件，由图 3.17 给出的进水孔口闸门段坝体结构在运行工况作用下的径向位移云图。可以看出，闸门段坝体结构的最大径向位移 $\Delta=0.0124\text{mm}$，该值发生在孔口处的中部，而且法向位移值非常小。

3.4.2   应力分析

现在对进水孔口闸门段混凝土进行结构应力分析，给出进水孔口闸门段坝体结构的应力，研究进水孔口闸门段坝体结构的强度。

进水孔口闸门段坝体结构在运行工况作用下，给出了进水孔口闸门段坝体结构的环向应力云图及径向应力云图，如图 3.18 及图 3.19 所示。由进水孔口闸门段坝体结构的环向应力云图（图 3.18）看出，孔口闸门段坝体结构的环向应力的最大值为 3.75MPa（拉），该值发生在闸门槽与孔口下边尖角处的区域范围，孔口闸门段坝体结构的环向压应力最大值为 2.64MPa，该值发生在方口段上面的前沿处。由进水孔口闸门段坝体结构的轴向应力云图（图 3.19）看出，孔口闸门段坝体结构的轴向应力的最大值为 1.71MPa（拉），该值发生在闸门槽与孔口下边尖角处的区域范围，孔口闸门段坝体结构的轴向压应力最大值为 1.86MPa，该值发生在方口段上面的前沿处。另外，还给出了孔口闸门槽下游坝体结构断面的第一主应力云图及第三主应力云图，如图 3.20 及图 3.21 所示。由应力云图看出，孔口闸门槽下游坝体结构断面的第一主应力的最大值为 3.74MPa（拉），该值发生在孔口下面 2 个尖角处，第三主应力的最大值为 0.13MPa（拉），该值发生在孔口 4 个尖角处。从图 3.22 可以看出，闸门槽下游断面 Mises 等效应力与第一主应力分布规律相似，Mises 等效应力的最大值为 3.80MPa（拉），该值发生在孔口下面 2 个尖角处。

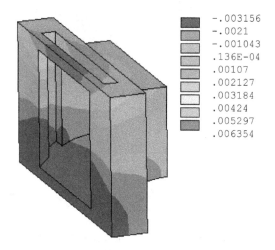

■	-.003156
■	-.0021
■	-.001043
■	.136E-04
■	.00107
■	.002127
■	.003184
□	.00424
■	.005297
■	.006354

图 3.17　进口段坝体结构径向位移云图（单位：m）

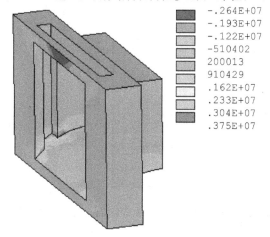

■	-.264E+07
■	-.193E+07
■	-.122E+07
■	-510402
■	200013
■	910429
■	.162E+07
■	.233E+07
■	.304E+07
■	.375E+07

图 3.18　进口段坝体结构环向应力云图（单位：Pa）

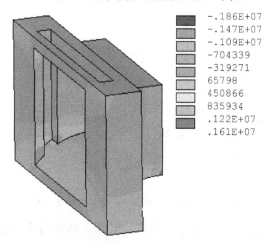

■	-.186E+07
■	-.147E+07
■	-.109E+07
■	-704339
■	-319271
■	65798
■	450866
■	835934
■	.122E+07
■	.161E+07

图 3.19　进口段坝体结构径向应力云图（单位：Pa）

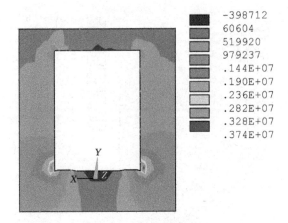

图 3.20　闸门槽下游断面第一主应力云图（单位：Pa）

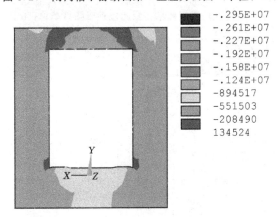

图 3.21　闸门槽下游断面第三主应力云图（单位：Pa）

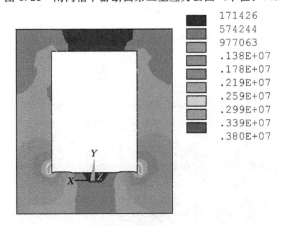

图 3.22　闸门槽下游断面 Mises 等效应力云图（单位：Pa）

　　综上所述，孔口闸门段坝体结构应力值都比较低，从结构强度上看，孔口闸门段坝体结构采用常规的配筋原则就能满足结构的强度条件。坝体结构闸门槽下游断面应力值都比较低。

3.4.3 闸门段坝体结构分析总结

孔口闸门段坝体结构应力值都比较低，从结构强度上看，孔口闸门段坝体结构采用常规的配筋就能满足结构的强度条件。孔口闸门槽下游坝体结构断面的第一主应力的最大值为 3.75MPa（拉），该值发生在孔口下面 2 个尖角处。

3.5 小结

（1）龙开口水电站进水口渐变段钢衬结构，在内部真空度 0.2MPa 的吸力（安全系数取 2）作用下，钢衬结构的最大法向位移 $\Delta = 0.023$mm，渐变段钢衬结构具有足够的刚度，结构是安全的。

（2）进水口渐变段钢衬结构在真空度 0.2MPa 作用下，使钢衬结构除产生弯曲应力之外还产生膜应力，结构应力状态非常复杂，在加劲环处的钢衬结构应力集中点上应力值很高。而对于钢衬结构非加劲环处的其他部位的应力值较低，并且应力分布较均匀。

（3）加劲环结构在真空度 0.2MPa 作用下，加劲环结构尖角处的应力集中点上应力值很高，而其他部位的应力值较低，一般应力值没有超过 52.6MPa，并且应力分布较均匀。

（4）孔口闸门段坝体结构应力值都比较低，从结构强度上看，孔口闸门段坝体结构采用常规的配筋就能满足结构的强度条件。坝体结构应力值最大的闸门槽下游断面的环向应力的最大值为 3.75MPa（拉），该值发生在闸门槽孔口下面 2 个尖角处。

（5）为了改善钢衬结构应力分布状态，提高渐变段钢衬结构的强度及刚度，建议在 1～4 号加劲环间，增加径向约束的锚筋及横向加劲肋，以改善进水口渐变段钢衬结构的受力条件。

第4章 龙开口水电站坝后背管结构分析

4.1 坝后背管结构分析概述

龙开口水电站引水工程中的压力钢管采用坝后背管结构型式，为有效地反映背管在内水压力作用下的应力应变情况，保证结构的工作安全，选取典型的 17 坝段进行结构有限元分析。在对坝体结构的分析及计算中，研究压力钢管与坝体结构的应力及变形，给出压力钢管与坝体间的连接应力及分布状态，设计并推荐压力钢管与坝体间的连接配筋方案。研究坝体与钢衬钢筋混凝土间设置软垫层对坝体结构的影响，分析钢衬外包混凝土与坝体间的连接应力及分布状态，考察外包混凝土开裂是否威胁坝体结构的安全等研究内容。研究坝体结构在基本荷载组合工况作用下，考察引水钢管各段对坝体结构的影响，分析混凝土材料的力学行为变化规律。通过研究，给出压力钢管与坝体间设置软垫层的结构方案，推荐外包混凝土与坝体间、压力钢管与坝体间的连接方式及配筋方案。

4.2 坝后背管结构分析研究

4.2.1 坝后背管结构研究方案

在结构的受力及变形分析中，将考虑大坝结构及压力钢管结构的受力及变形分析问题。通过计算研究坝体结构的应力与应变，研究压力钢管与坝体间的连接应力及分布状态，设计并推荐压力钢管与坝体间的连接配筋方案。

4.2.2 坝后背管结构研究成果

在对大坝进行分析中，对结构计算成果的整理按坝体及钢管两部分表述，给出坝体及钢管结构的受力及变形云图，研究坝体及钢管结构的应力与应变分布状态。

4.2.3 坝后背管结构的计算工况

（1）运行工况：结构自重＋永久设备重＋上游正常蓄水位和下游设计洪水位的静水压力＋水重＋浪压力＋扬压力＋泥沙压力＋升温。

（2）校核工况：结构自重＋永久设备重＋上、下游校核洪水位静的水压力＋水重＋浪压力＋扬压力＋泥沙压力＋升温。

4.3 坝后背管结构计算分析

为了研究坝下游面钢管嵌入坝体的相对位置对坝体及钢管结构应力和变形的影响，按钢管 2/3 背布置、外包混凝土厚度取 1.5m，建立了以 17 号标准坝段为一典型坝段的计算模型，进行了正常运行及校核组合等工况的计算。

4.3.1 应力分析

根据计算结果，整理出各工况下坝体结构及压力钢管结构的应力云图，表示出结构的应力与变形分布状态，其计算结果分析如下。

1. 坝体结构应力

根据对坝体结构的计算，整理出各工况下坝体结构的应力云图，如图 4.1～图 4.4 所示。

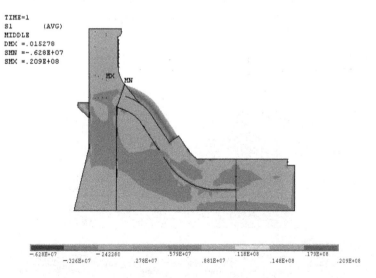

图 4.1 坝体结构运行工况的 σ_1 云图（单位：Pa）

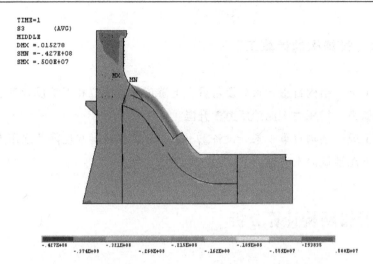

图 4.2　坝体结构运行工况 σ_3 云图（单位：Pa）

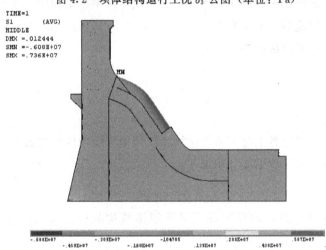

图 4.3　坝体结构校核工况 σ_1 云图（单位：Pa）

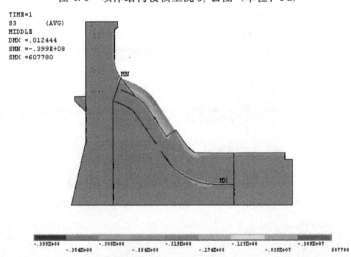

图 4.4　坝体结构校核工况 σ_3 云图（单位：Pa）

在图 4.1 及图 4.2 中分别给出了坝体结构在运行工况下的第一主应力 σ_1 及第三主应力 σ_3 云图。由图 4.1 及图 4.2 应力云图可以看出，坝体应力分布规律基本相似，即除了坝踵、闸门段、进水口渐变段和压力管道周围坝体混凝土出现局部拉应力外，坝体绝大部分区域均为压应力，在钢衬周围混凝土之外，坝体应力分布没有太大差别。由图 4.1 中给出了坝体结构在运行工况下的第一主应力 σ_1 云图看出，坝体的第一主应力 σ_1 的值在 -3.26 ~ -0.242MPa 范围内，主要是压应力，只有在坝踵处很小的区域内有拉应力，受拉区域范围约为 $2.5m \times 1.0m$（长×宽），其第一主拉应力的值约在 2.78 ~ 5.79MPa 范围内，坝踵处的最大应力值为 5.77MPa。由图 4.2 中的第三主应力 σ_3 云图看出，坝体的第三主应力 σ_3 的值一般在 -0.345 ~ -5.69MPa 范围内，在坝后背管的钢衬钢筋混凝土压力管道区域范围内的第三主应力 σ_3 的值一般在 -6.59 ~ -11.0MPa 范围内。为了对比分析，将坝踵处的第一主应力及第三主应力值列于表 4.1 中。

表 4.1　　　　　　　　　　　　　　坝踵应力比较

工　况	运行工况		校核工况	
	应力值/MPa	范围（长×宽）/(m×m)	应力值/MPa	范围（长×宽）/(m×m)
第一主应力	2.78 ~ 5.79（拉）	2.5×1.0	4.62（拉）	2.5×1.5
第三主应力	-0.35 ~ -5.69（压）	3.0×1.0	-9.65（压）	

其中图 4.3 及图 4.4 给出了坝体结构在校核工况下的第一主应力 σ_1 及第三主应力 σ_3 云图。由图 4.3 及图 4.4 应力云图可以看出，坝体应力分布规律基本相似，坝体绝大部分区域均为压应力，在钢衬周围混凝土之外，坝体应力分布没有太大差别。由图 4.3 中给出了坝体结构在校核工况下的第一主应力 σ_1 云图看出，坝体的第一主应力 σ_1 的值在 -18.9 ~ -7.14MPa 范围内，主要是压应力，在坝后背管的钢衬钢筋混凝土压力管道区域范围内的第一主应力 σ_3 的值一般在 -7.14MPa 左右范围内。只有在坝踵处很小的区域内有拉应力，其值一般在 4.62MPa 左右范围内，受拉区域范围约为 $2.5m \times 2.5m$（长×宽）。由图 4.4 中的第三主应力 σ_3 云图看出，坝体的第三主应力 σ_3 的值一般在 -9.65 ~ -21.0MPa 范围内，在坝后背管的钢衬钢筋混凝土压力管道区域范围内的第三主应力 σ_3 的值一般在 -9.65 ~ 1.78MPa 范围内，坝踵处区域应力值约为 -9.65MPa（受压）。为了对比分析，将坝踵处的第一主应力及第三主应力值列于表 4.1 中。

2. 管坝接缝面应力

为了对管坝接缝面的计算结果整理方便，把钢管结构分成进水口渐变段、上弯段、斜直段、下弯段、垫层钢管及垫层钢管进入蜗壳的过渡段钢衬等 6 个管段，并在上弯段至下弯段的钢管段上选取典型断面 2-2、断面 3-3、断面 4-4、断面 5-5、断面 6-6、断面 7-7 及断面 8-8，如图 4.5 所示，其中断面 2-2、断面 3-3、断面 4-4 为上弯段的断面，断面 4-4、断面 5-5、断面 6-6 为斜直段的断面，断面 6-6、断面 7-7、断面 8-8 为下弯段的断面。为了表示每个典型断面上的应力变化情况，特在管坝接缝处设定 A、B、C、D、E 等 5

个控制点，如图 4.6 所示。

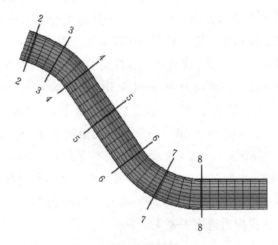

图 4.5　管坝接缝处典型断面图

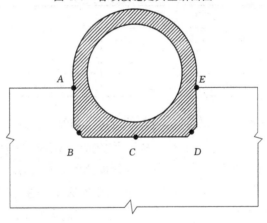

图 4.6　管坝接缝处控制点图

在图 4.7～图 4.10 中给出了各种工况下管坝接缝面法向应力及剪应力云图。在运行工况下管坝接缝面应力详见图 4.7、图 4.8 和表 4.2，可以看出，管坝接缝面法向应力 σ_z 值在 $-5.55\sim-1.67$MPa 范围内，全部为压应力，该法向应力值与表 4.2 的应力值基本相吻合。最大法向应力值 $\sigma_{z\max}=34.4$MPa（受压，该值不在管坝接缝面上），该值发生在断面 8-8 的附近，管坝接缝面法向应力分布基本上是对称的，即 A 点与 E 点对称、B 点与 D 点对称，并且法向应力值均不大。管坝接缝面剪应力 τ_{zx} 值在 $-1.34\sim0.71$MPa 范围内，该剪应力云图与表 4.2 的应力值基本相吻合。最大剪应力值 $\tau_{zx\max}=21.1$MPa（该值不在管坝接缝面上），该值发生在断面 8-8 的附近，管坝接缝面剪应力分布基本上是对称的，这种应力分布规律接缝面法向应力分布基本一致，并且剪应力值并不大，这些值超过素混凝土的允许抗剪强度 0.98～1.10MPa（混凝土 C20～C25），因此在运行工况下管坝接缝面设置一些连接锚筋就可以满足管坝接缝面的结构安全。

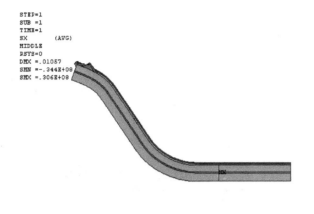

图 4.7 运行工况管坝接缝处法向应力云图（单位：Pa）

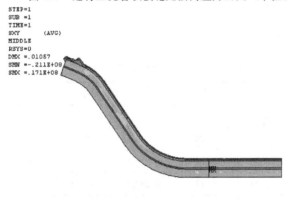

图 4.8 运行工况管坝接缝处剪应力云图（单位：Pa）

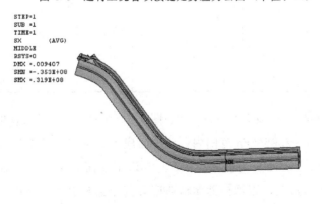

图 4.9 校核工况管坝接缝处法向应力云图（单位：Pa）

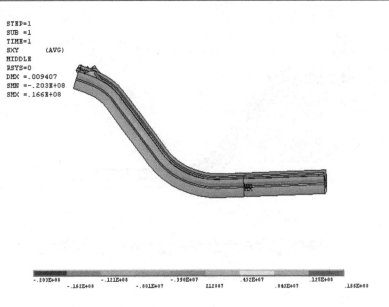

STEP=1
SUB =1
TIME=1
SXY　　(AVG)
MIDDLE
RSYS=0
DMX =.009407
SMN =-.203E+08
SMX =.166E+08

```
-.203E+08          -.121E+08          -.390E+07          .432E+07          .125E+08
      -.152E+08          -.801E+07          212887          .843E+07          .166E+08
```

图 4.10　校核工况管坝接缝处剪应力云图（单位：Pa）

表 4.2　　　　　　　　运行工况下管坝接缝面法向应力、剪应力　　　　　　　单位：MPa

应力分量	控制点	典型断面						
		2	3	4	5	6	7	8
法向应力	A	−3.35	−3.96	−4.00	−4.46	−0.32	−0.40	−0.54
	B	−3.38	−0.32	−0.31	−0.49	−0.72	−1.34	−1.46
	C	−0.23	−0.17	−0.25	−0.42	−0.72	−1.20	−1.40
	D	−0.38	−0.31	−0.30	−0.49	−0.72	−1.34	−1.46
	E	−3.34	−4.01	−3.99	−4.45	−0.32	−0.40	−0.54
剪应力	A	−0.17	0.40	0.37	0.71	−0.20	0.23	0.20
	B	0.09	−0.08	0.14	0.08	0.21	−0.22	−0.18
	C	−1.34	−0.03	0.18	0.08	−0.09	−0.36	−0.23
	D	0.09	−0.08	0.14	0.08	0.21	−0.22	−0.18
	E	−0.38	0.34	0.37	0.71	−0.20	0.23	0.20

　　在校核工况下管坝接缝面应力详见图 4.9、图 4.10 和表 4.3，可以看出，管坝接缝面法向应力 σ_z 值在 −5.41～2.06MPa 范围内，该法向应力云图与表 4.3 的应力值基本相吻合，全部为压应力。最大法向应力值 $\sigma_{z\max}=35.3$MPa（受压，该值不在管坝接缝面上），该值发生在断面 8 − 8 的附近，管坝接缝面法向应力分布基本上是对称的，这与运行工况下应力分布情况是一样的，并且法向应力值并不大。管坝接缝面剪应力 τ_{zx} 值在 −0.36～0.68MPa 范围内，该剪应力云图与表 4.3 的应力值基本相吻合。最大剪应力值 $\tau_{zx\max}=16.6$MPa（该值不在管坝接缝面上），该值发生在断面 8 − 8 的附近，这也与运行工况下应

力分布情况是一样的，并且剪应力值并不大。

表 4.3 　　　　　　　校核工况下管坝接缝面法向应力、剪应力　　　　　单位：MPa

应力分量	控制点	典型断面						
		2	3	4	5	6	7	8
法向应力	A	−3.37	−4.01	−3.98	−4.41	−0.21	−0.47	−0.48
	B	−0.35	−0.31	−0.29	−0.47	−0.52	−1.10	−1.22
	C	−0.22	−0.23	−0.19	−0.40	−0.44	−0.83	−0.97
	D	−0.36	−0.31	−0.29	−0.47	−0.52	−1.10	−1.22
	E	−3.34	−4.06	−3.97	−4.40	−0.21	−0.47	−0.48
剪应力	A	−0.17	0.43	0.39	0.68	−0.28	0.19	0.19
	B	0.13	−0.06	0.12	0.09	0.17	−0.20	−0.16
	C	−0.03	−0.02	0.16	0.09	−0.04	−0.35	−0.17
	D	0.13	−0.06	0.12	0.09	0.17	−0.20	−0.16
	E	−0.36	0.35	0.40	0.68	−0.28	0.19	0.19

3. 钢管结构应力

根据对压力钢管结构的计算，整理了各工况下钢管结构的应力云图，如图 4.11～图 4.18 所示。其中图 4.11、图 4.12 给出钢管结构在运行工况下的第一主应力和 Mises 等效应力云图。由图 4.11 给出的第一主应力云图看出，钢衬的最大第一主应力值 $\sigma_{1max}=$ 196.0MPa（应力集中点），该值发生在下弯段与下平段连接处的下表面，钢衬的最小第一主应力值 $\sigma_{1min}=44.6$MPa，该值发生在上弯段与上平段连接处的上表面，斜直段上的第一主应力值一般在 79.0～165.0MPa 的范围内。图 4.12 为钢衬的 Mises 等效应力云图，可以看出最大 Mises 等效应力值 $\sigma_{mmax}=194.0$MPa（应力集中点），该值发生在下弯段与下平段连接处的中间下表面，钢衬的最小 Mises 等效应力值 $\sigma_{min}=65.7$MPa，该值发生在上弯段与上平段连接处的上表面，斜直段上的 Mises 等效应力值一般在 94.2～165.0MPa 的范围内。

为了对钢管结构的计算结果描述的更准确，把钢管结构分成进水口渐变段、上弯段、斜直段、下弯段、垫层钢管及垫层钢管进入蜗壳的过渡段钢衬等 6 个管段，并对 6 个管段分别进行了研究，给出了各个管段的环向应力、轴向应力以及 Mises 等效应力云图。现把各个管段结构的研究成果给出如下总结。

（1）进水口钢管结构的应力。进水口钢管结构的应力分析在第 3 章中进行讨论。

（2）上弯段钢管结构的应力。在运行工况下钢管结构的环向应力、轴向应力及 Mises 等效应力云图，如图 4.13～图 4.15 所示。钢衬的最大环向应力值 $\sigma_{\theta max}=136.0$MPa，该值发生在上弯段与斜直段的断面 4-4 处的下表面，钢衬的最小环向应力值 $\sigma_{\theta min}=31.0$MPa （受压），该值发生在上弯段的断面 2-2 处的下表面，环向应力值一般在 99.0～136.0MPa

的范围内。钢衬的最大轴向应力值 $\sigma_{z\max}=162.0\mathrm{MPa}$，该值发生在接近渐变段的下表面，钢衬的最小轴向应力值 $\sigma_{z\min}=11.5\mathrm{MPa}$（受压），该值发生在接近上弯段的下表面。由图 4.15 的 Mises 等效应力云图看出，最大 Mises 等效应力值 $\sigma_{m\max}=155.0\mathrm{MPa}$，该值发生在上平段与上弯段连接处的下表面，钢衬的最小 Mises 等效应力值 $\sigma_{m\min}=66.1\mathrm{MPa}$，该值发生在上弯段与上平段连接处的下表面，Mises 等效应力值一般在 $85.0\sim136.0\mathrm{MPa}$ 的范围内。

综上所述，上弯段钢衬结构的变形姿态及受力较复杂，在接近渐变段的侧表面处钢衬出现了最大轴向压应力，其值为 11.5MPa，而在接近渐变段的下表面处钢衬发生了最大轴向拉应力，其值为 162.0MPa。

（3）斜直段钢管结构的应力。斜直段钢管结构的应力分析详见第 5 章内容。

（4）下弯段钢管结构的应力。在运行工况下钢管结构的管壁环向应力、轴向应力及 Mises 等效应力云图，如图 4.16～图 4.18 所示。钢衬的最大环向应力值 $\sigma_{\theta\max}=$ 187.0MPa，该值发生在接近下平段的上表面，钢衬的最小环向应力值 $\sigma_{\theta\min}=22.9\mathrm{MPa}$，该值发生在接近斜直段的侧表面。钢衬的最大轴向应力值 $\sigma_{z\max}=127.0\mathrm{MPa}$，该值发生在接近下平段的上表面，钢衬的最小轴向应力值 $\sigma_{z\min}=182.0\mathrm{MPa}$（受压），该值发生在接近斜直段的侧表面。由图 4.18 的 Mises 等效应力云图看出，最大 Mises 等效应力值 $\sigma_{m\max}=$ 198.0MPa，该值发生在接近下平段的侧表面，钢衬的最小 Mises 等效应力值 $\sigma_{m\min}=$ 25.3MPa，该值发生在接近下平段下表面，Mises 等效应力值一般在 $82.9\sim198.0\mathrm{MPa}$ 的范围内。

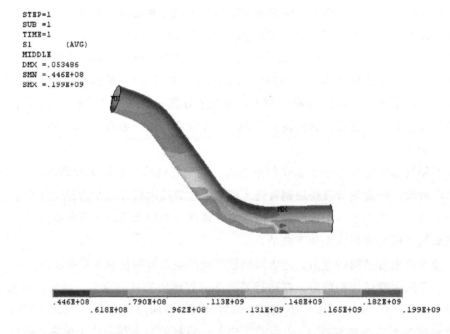

图 4.11　钢管第一主应力云图（单位：Pa）

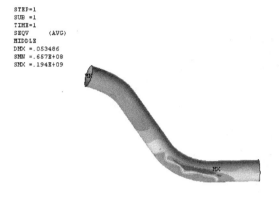

图 4.12 钢管 Mises 等效应力云图（单位：Pa）

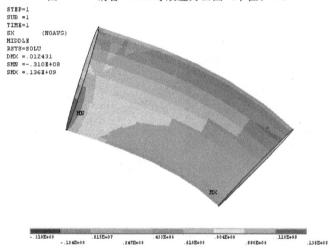

图 4.13 上弯段钢管环向应力云图（单位：Pa）

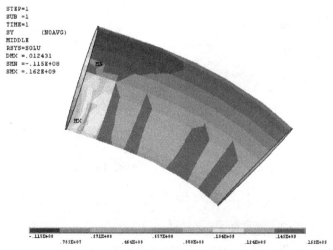

图 4.14 上弯段钢管轴向应力云图（单位：Pa）

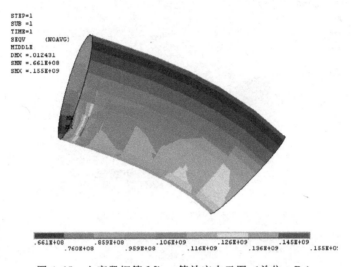

图 4.15　上弯段钢管 Mises 等效应力云图（单位：Pa）

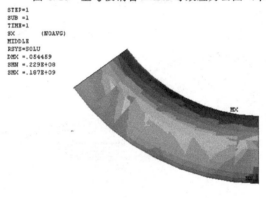

图 4.16　下段钢管环向应力云图（单位：Pa）

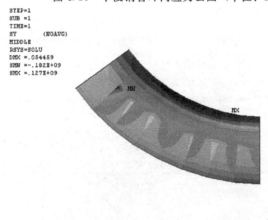

图 4.17　下弯段钢管轴向应力云图（单位：Pa）

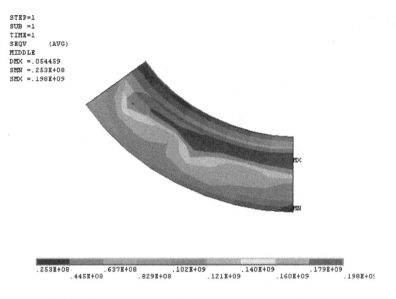

STEP=1
SUB =1
TIME=1
SEQV (AVG)
MIDDLE
DMX =.054459
SMN =.253E+08
SMX =.198E+09

.253E+08   .637E+08   .102E+09   .140E+09   .179E+09
    .445E+08   .829E+08   .121E+09   .160E+09   .198E+09

图 4.18　下弯段钢管 Mises 等效应力云图（单位：Pa）

综上所述，下弯段钢管结构的变形姿态较复杂，受力较严重，在接近斜直段的侧表面处钢衬出现了最大轴向压应力 182.0MPa，而在接近下平段的上表面处钢衬发生了轴向拉应力 127.0MPa。

4.3.2　位移分析

1. 坝体结构位移

为了对坝体结构位移的计算结果整理方便，在坝体结构上给出了控制点 A、B、C、D、E、F 及 G 等 7 个点的布置图，如图 4.19 所示。

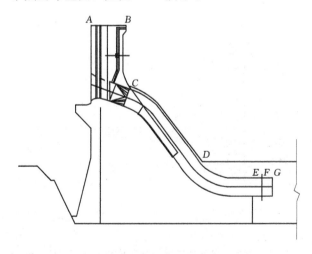

图 4.19　坝体结构位移控制点图

坝体结构在运行工况下沿顺河向及竖向位移云图，如图 4.20 及图 4.21 所示。由图 4.20 坝体结构沿顺河向位移可知，最大值位移 $u_x = 14.27\mathrm{mm}$，该值位于坝顶的下游点。最小值位移 $u_x = 0.318\mathrm{mm}$。由图 4.21 给出的竖向位移云图看出，最大竖向位移值 $u_{z\max} = 4.90\mathrm{mm}$（向下），该值位于坝后背管下弯段上部与副厂房相接的部位，最小值位移 $u_{z\min} = 0.547\mathrm{mm}$（向上），该值位于坝踵以上 10m 处上游坝面，各控制点上的位移值列在表 4.4 中。由在运行工况下沿顺河向及竖向位移云图及位移值表 4.4 看出，顺河向位移值较大及竖向位移值较小，这表明大坝结构竖向刚度大。

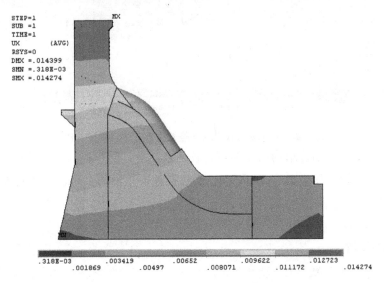

图 4.20　运行工况下坝体结构顺河向位移云图（单位：m）

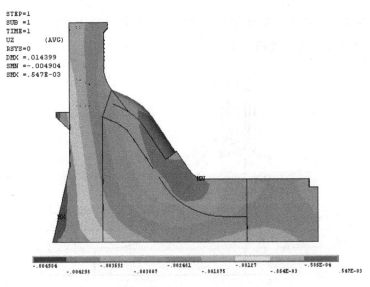

图 4.21　运行工况下坝体结构竖向位移云图（单位：m）

坝体结构在校核工况下沿顺河向及竖向位移云图,如图 4.22 及图 4.23 所示。由图 4.22 坝体结构沿顺河向位移可知,最大值位移 $u_x = 12.23\text{mm}$,该值位于坝顶附近的下游点。由图 4.23 给出的竖向位移云图看出,最大竖向位移值 $u_{z\max} = 4.45\text{mm}$,该值位于坝后背管下弯段上部与付厂房相接的部位,控制点位移值列在表 4.4 中。由表 4.4 中的各控制点位移值看出,各种工况下位移控制点处的顺河及竖向位移变化规律是一致的。还可以看出,顺河向位移在厂坝分缝处的 E(缝上游点)、F(缝下游点)两点位移变化相对较大,这些值厂坝分缝处两侧面是相互靠拢的。

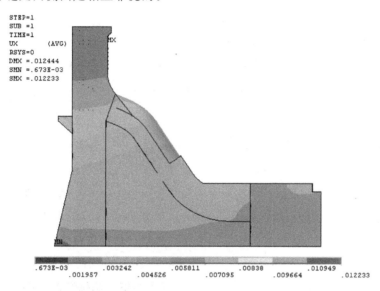

图 4.22 校核工况下坝体结构顺河向位移云图(单位:m)

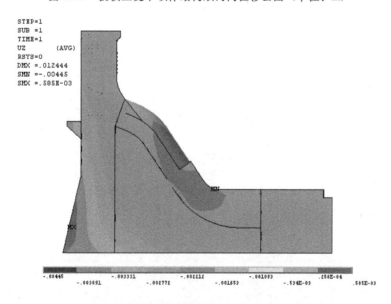

图 4.23 校核工况下坝体结构竖向位移云图(单位:m)

表 4.4　　　　　　各工况下大坝位移控制点处的顺河向及竖向位移　　　　　单位：mm

控制点	运行工况		校核工况	
	顺河向	竖　向	顺河向	竖　向
A	13.42	−1.48	11.33	−2.16
B	14.20	−1.78	12.12	−1.64
C	10.37	−2.68	9.89	−2.39
D	2.52	−4.70	3.23	−4.26
E	3.83	−3.61	4.70	−3.62
F	0.84	−3.60	1.74	−3.60
G	3.38	−2.86	4.31	−3.07

2. 钢管结构位移

压力钢管结构在运行工况下沿顺河向及竖向位移云图，如图 4.24、图 4.25 所示。由图 4.24 坝体结构沿顺河向位移可知，最大位移值为 $u_x = 11.85$mm，该值位于上弯段与上平段连接的断面 2-2 的上表面，顺河向最小位移值 $u_x = 0.697$mm，该值位于下弯段与下平段连接的断面 8-8 的上表面。由图 4.25 给出的竖向位移云图看出，最大竖向位移值 $u_{zmax} = 42.61$mm（向下），该值发生在位于下游厂房处。最小位移值 $u_x = 9.81$mm（向上），该值位于下弯段的断面 8-8 的上表面。由在运行工况下沿顺河向及竖向位移云图看出，钢管结构顺河向位移值较小及竖向位移值较大，这表明钢管结构顺河向刚度大，这一结论与大坝结构刚度结论刚好相反。

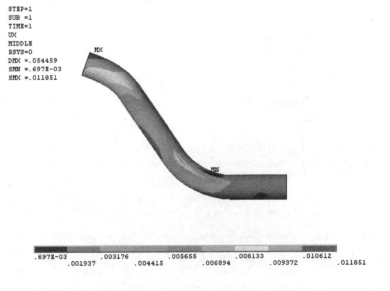

图 4.24　运行工况下钢管顺河向位移云图（单位：m）

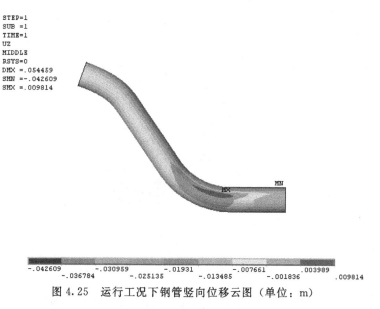

图 4.25　运行工况下钢管竖向位移云图（单位：m）

　　压力钢管结构在校核工况下沿顺河向及竖向位移云图，如图 4.26、图 4.27 所示。由图 4.26 坝体结构沿顺河向位移可知，最大值位移为 $u_x = 9.67\text{mm}$，该值位于进水口检修闸门处的钢衬上表面，最小位移值为 $u_x = 1.27\text{mm}$，该值位于斜直段与下弯段连接的断面 6-6 处的上表面。由图 4.27 给出的竖向位移云图看出，最大竖向位移值 $u_{z\max} = 8.34\text{mm}$（向下），该值发生在位于下游厂房处，最小竖向位移值 $u_{z\min} = 1.07\text{mm}$（向下），该值位于下弯段与下平段连接的断面 8-8 处的侧表面。这表明钢管结构沿顺河向位移值变化较小，沿竖向位移值变化较大，在我们的研究中，将充分利用压力钢管及大坝结构各自的变形特点。

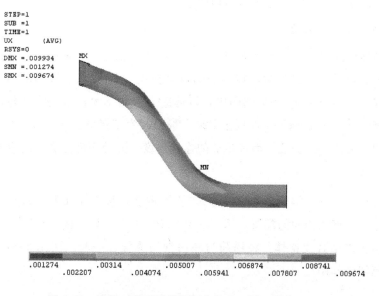

图 4.26　校核工况下钢管顺河向位移云图（单位：m）

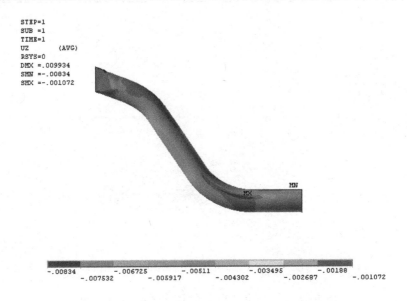

STEP=1
SUB =1
TIME=1
UZ　　 (AVG)
RSYS=0
DMX =.009934
SMN =-.00834
SMX =-.001072

-.00834　　　　-.006725　　　　-.00511　　　　-.003495　　　　-.00188
　　-.007532　　　-.005917　　　-.004302　　　-.002687　　　-.001072

图 4.27　校核工况下钢管竖向位移云图（单位：m）

4.3.3　管坝连接锚筋设计

龙开口水电站将压力钢管布置在坝下游面浅槽内，在结构受荷载作用时，除了引起钢管的环向应力、轴向应力外，还会引起钢衬和坝面之间的剪应力和法向应力。为了保证坝下游面钢衬的安全，通常在管坝接缝面上布置键槽，并设置法向锚筋防止钢衬与坝体脱离。根据对管坝接缝面法向应力及剪应力的分析计算，对钢衬钢筋混凝土背管结构与坝体结构的连接锚筋进行设计，提出钢衬与坝体连接锚筋的设计方案。

1. 管坝连接锚筋设计要点

管道与坝体的连接设计，要考虑坝体分期碾压混凝土施工，紧贴下游缝面进行适当的连接锚筋处理。通过计算得到管坝接缝面的最大剪应力值 $\tau_{zx\max}=1.34\mathrm{MPa}$，管坝接缝面剪应力 τ_{zx} 值在 $-1.34\sim0.71\mathrm{MPa}$ 范围内，该剪应力值均不大，这些值已超过素混凝土的允许抗剪强度 $0.98\sim1.10\mathrm{MPa}$（混凝土 C20～C25）。为了保证管坝连接安全，因此沿键槽表面布置剪切受力锚筋，保证缝面有足够的连接强度，并分担部分缝面的剪力。

2. 锚筋设计

根据设计计算，环向钢筋采用 $\phi40@200$ Ⅱ级钢筋，按 3 层布置。管坝接缝面连接锚筋处理，根据环向钢筋相同的配置，采用 $\phi40@200$ Ⅱ级钢筋，按 3 层布置。为保证二期外包混凝土与坝体结合成整体，将锚筋与环向钢筋焊接在一起（图 4.28），以承受剪力、法向应力并起纽带作用。

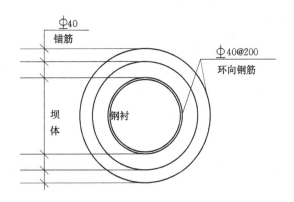

图 4.28 背管接缝面锚筋设计

4.3.4 钢管结构强度校核

根据《水电站压力钢管设计规范》（DL/T 5141—2001）的要求，给出的钢管结构构件的抗力限值 σ_R，在第 2 章的表 2.1 中列出。钢衬在运行工况下的 Mises 等效应力的最大值 $\sigma_{mmax}=198.0\text{MPa}$（应力集中点），在下弯段与下平段连接处的侧表面。该值没有超过调质钢钢材的抗力限值 $\sigma_R=286.7\text{MPa}$。在斜直段上的 Mises 等效应力值一般在 $94.2\sim165.0\text{MPa}$ 的范围内，同样小于其任何设计状况的 16MnR 钢材的抗力限值 $\sigma_R=170.4\text{MPa}$。

4.3.5 压力钢管结构分析总结

在龙开口水电站引水压力钢管结构分析中，把钢管结构分成进水口渐变段、上弯段、斜直段、下弯段、垫层钢管及垫层钢管进入蜗壳的过渡段钢衬等 6 个管段，并对 6 个管段分别进行了研究，给出了各个管段的环向应力、轴向应力以及 Mises 等效应力云图。现把引水压力钢管结构整体的分析及上弯段、下弯段结构的研究成果给出如下总结。

1. 压力钢管结构整体分析

根据对引水压力钢管整体结构的计算，给出了钢管结构在运行工况下的最大第一主应力值 $\sigma_{1max}=196.0\text{MPa}$，该值发生在下弯段与下平段连接处的下表面，最大 Mises 等效应力值 $\sigma_{mmax}=194.0\text{MPa}$（应力集中点）。

2. 上弯段钢管结构分析

在运行工况下钢管结构的最大环向应力值 $\sigma_{\theta max}=136.0\text{MPa}$，钢衬的最大轴向应力值 $\sigma_{zmax}=162.0\text{MPa}$，该值发生在接近渐变段的下表面，最大 Mises 等效应力值 $\sigma_{mmax}=155.0\text{MPa}$，该值发生在上平段与上弯段连接处的下表面。

3. 下弯段钢管结构分析

在运行工况下钢管结构最大环向应力值 $\sigma_{\theta max} = 187.0\text{MPa}$，钢衬的最大轴向应力值 $\sigma_{zmin} = 182.0\text{MPa}$（受压）。最大 Mises 等效应力值 $\sigma_{mmax} = 198.0\text{MPa}$，该值发生在接近下平段的侧表面。总之，下弯段钢管结构较复杂，受力较严重，在接近下平段下表面处钢衬出现了最大轴向压应力。

4. 大坝及钢管结构变形分析

由大坝结构的变形来看，大坝结构顺河向位移值较大，而竖向位移值较小，这表明大坝结构竖向刚度大。

由压力钢管结构的变形来看，钢管结构顺河向位移值较小，而竖向位移值较大，这表明钢管结构顺河向刚度大。

大坝结构刚度结论与压力钢管结构刚度结论刚好相反，在我们的研究中，将充分利用压力钢管及大坝结构各自变形特点，改善整体结构的受力。

4.4　小结

采用三维有限元计算模型对龙开口水电站坝后背管结构进行了分析，现对计算成果小结如下：

（1）坝体结构在运行工况下绝大部分区域为压应力，而位于坝踵处为拉应力，其中第一主应力的值在 $2.78 \sim 5.79\text{MPa}$（拉）范围内，受拉区域范围约为 $2.5\text{m} \times 1.0\text{m}$（长 × 宽），坝体结构最大的 Mises 等效应力值为 5.79MPa。

（2）管坝接缝面的最大剪应力值 $\tau_{zrmax} = 1.34\text{MPa}$，尽管剪应力值已超过素混凝土的允许抗剪强度值，然而剪应力值均不大。为此建议的管坝接缝面锚筋布置与钢衬钢筋混凝土背管采用 $\phi\,40@200$ II 级钢筋及按 3 层布置方案一致，很显然，上述的管坝连接的锚筋布置方案对钢衬钢筋混凝土背管结构是安全的。龙开口水电站坝下游面管道采用 2/3 背布置形式和管壁厚度 1.5m，可以满足结构设计要求。

（3）下弯段钢管结构的变形姿态较复杂，受力较严重，在运行工况下钢管结构最大环向应力值 $\sigma_{\theta max} = 187.0\text{MPa}$，钢衬的最大轴向应力值 $\sigma_{zmin} = 182.0\text{MPa}$（受压）。最大 Mises 等效应力值 $\sigma_{mmax} = 198.0\text{MPa}$。这些值都没有超过调质钢钢材的抗力限值 286.7MPa。

（4）由大坝结构的变形来看，大坝顺河向位移值较大，而竖向位移值较小，这表明大坝结构竖向刚度大。由压力钢管结构的变形来看，钢管结构顺河向位移值较小，而竖向位移值较大，这表明钢管结构顺河向刚度大。我们将充分利用两种结构各自的变形特点，改善整体结构的受力。

第5章 钢衬钢筋混凝土坝后背管非线性分析

5.1 坝后背管非线性有限元分析概述

5.1.1 坝后背管结构的计算内容

龙开口水电站引水发电系统采用钢衬钢筋混凝土坝后背管形式，现在取出背管的典型管段（背管结构斜直段中间管段），对其进行了三维非线性有限元分析。在分析过程中，外包混凝土厚度按 1m、1.5m 及 2m 三种方案进行了计算。在钢管材料选择上，分别取国产钢材 16MnR 及调质钢两种，钢板厚度为 22mm、24mm、26mm 及 28mm 四种。在报告的整理过程中，主要考虑了钢衬壁厚 26mm、外包混凝土厚度 1.5m 及钢衬壁厚 24mm、外包混凝土厚度 2.0m 两种计算方案，并整理出成果研究报告。另外，对压力钢管平段的垫层钢管的典型管段也进行了极限承载力计算，得到了在设计内压和极限内压下管道的应力及变形情况。最后，通过上述的计算分析，对龙开口水电站坝后背管的设计、施工给出了一些有益的结论。

5.1.2 钢衬钢筋混凝土管间初始缝隙计算

钢衬钢筋混凝土坝后背管钢衬与混凝土之间缝隙值 Δ 的计算，包括有施工缝隙值 Δ_1、钢管冷缩缝隙值 Δ_2、混凝土徐变缝隙值 Δ_3 等内容。其中：

（1）施工缝隙值 Δ_1。根据《水电站压力钢管设计规范》（SL 281—2003），如管外混凝土填筑密实，并作认真的接缝灌浆，Δ_1 可取为 0.2mm。

（2）钢管冷缩缝隙值 Δ_2。根据《水电站压力钢管设计规范》（SL 281—2003）公式（C.1.3-3），取钢材线膨胀系数为 $1.2 \times 10^{-5} \mathrm{K}^{-1}$，引水发电时，多年平均气温 19.8℃ 与最低运行温度 -2.1℃ 之差为 21.9℃，钢管半径为 5000mm，则可算得 Δ_2 为 1.71mm。

（3）混凝土徐变缝隙值 Δ_3。由《水电站压力钢管设计规范》（SL 281—2003）公式

(C.1.3-4) 可知，混凝土徐变缝隙值 Δ_3 与钢管设计内水压力和半径成正比，根据计算断面钢管设计内水压力和半径，即可求得混凝土徐变缝隙值 Δ_3 为 0.15mm。

将施工缝隙值 Δ_1、钢管冷缩缝隙值 Δ_2 和混凝土徐变缝隙值 Δ_3 相加，即可得到各计算断面钢管与混凝土之间的总缝隙值 $\Delta = \Delta_1 + \Delta_2 + \Delta_3 = 2.06$mm。由于当计算断面不同时，钢衬与混凝土之间的缝隙值 Δ 有所变化，也就是说在整个坝后背管中缝隙值 Δ 是一个范围值，在计算过程中，取 Δ 值的上下限，方案一缝隙值 Δ 取 2.5mm，方案二缝隙值 Δ 取 2.0mm。

5.2　钢筋混凝土非线性有限元计算的基本原理

5.2.1　混凝土模型

在对外包混凝土管进行非线性计算分析时，采用了一种专为混凝土、岩石等抗压能力远大于抗拉能力的非均匀材料而开发的单元。这种 8 节点的块体单元是在普通 8 节点三维等参单元的基础上增加了针对混凝土材料参数和整体式钢筋模型。这种 8 节点的块体单元可以模拟混凝土中的加强钢筋，以及材料的拉裂及压溃现象，其单元形状如图 5.1 所示。

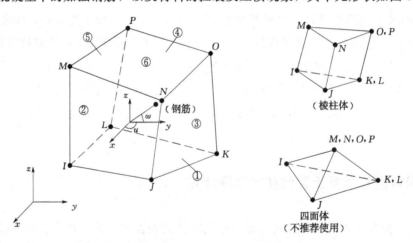

图 5.1　8 节点块体单元

8 节点块体单元的基本属性如下：

(1) 每个单元有 $2 \times 2 \times 2$ 个高斯积分点，所有材性分析都是基于高斯积分点来进行。

(2) 用弹性或弹塑性模型来描述材料的受压行为。

(3) 破坏面由应力空间定义，当应力达到破坏面时，则出现压碎或开裂。

(4) 使用弥散固定裂缝模型，每个高斯积分点上最多有三条相互垂直的裂缝。

(5) 可以使用整体式钢筋模型。

1. 混凝土模型的本构关系

本次计算中使用弹塑性本构关系来描述混凝土受拉时的应力-应变关系，采用 Drucker - Prager 屈服准则。其塑性流动为关联流动，混凝土单轴受压时的应力-应变关系采用 Saenz 提出的公式：

$$\sigma = \frac{E_0 \varepsilon}{1 + \left(\dfrac{E_0}{E_s} - 2\right)\left(\dfrac{\varepsilon}{\varepsilon_0}\right) + \left(\dfrac{\varepsilon}{\varepsilon_0}\right)^2} \tag{5.1}$$

式中 E_0——初始弹性模量；

$E_s = \sigma_0 / \varepsilon_0$——应力达到峰值时的割线弹性模量；

   σ_0、ε_0——分别为应力达到峰值时的应力、应变。

其单轴受压应力-应变关系曲线如图 5.2 所示。

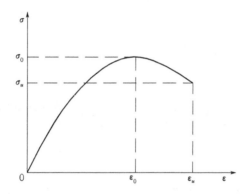

图 5.2   混凝土单轴受压 σ-ε 关系曲线

混凝土单轴受拉时的应力-应变关系采用美国学者 Kang 和 Lin 提出的公式，其单轴受拉应力-应变关系曲线如图 5.3 所示。

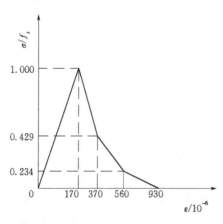

图 5.3   混凝土单轴受拉 σ-ε 关系曲线

2. 混凝土模型的破坏面

8 节点块体单元的破坏面为改进的 William - Warnke 五参数破坏曲面，需要以下几个参数来加以定义：单轴受拉强度 f_t，单轴受压强度 f_c，双向受压强度 f_{cb}，以及在某一围压 σ_h^a 下的单向受压强度 f_2 和双向受压强度 f_1。

在计算分析过程中，判断应力是否达到破坏面的依据可以采用以下方程：

$$\frac{F}{f_c}-S\geqslant 0 \tag{5.2}$$

式中　F——应力组合；

　　　S——破坏面。

而 F 和 S 都可以用主应力 σ_1、σ_2、σ_3 来表示，由于 3 个主应力有 4 种取值范围，因此混凝土的破坏也可以分 4 个范围。在每一个范围内都是一对独立的 F 和 S，所以在不同的应力状态下，所采用的破坏模型也是不一样的。下面给出 4 种应力状态的破坏模型：

（1）压-压-压分区（$0\geqslant\sigma_1\geqslant\sigma_2\geqslant\sigma_3$）。本分区使用的是 William-Warnke 五参数破坏曲面。其中，应力组合 F 的定义为

$$F=F_1=\frac{1}{\sqrt{15}}\left[(\sigma_1-\sigma_2)^2+(\sigma_2-\sigma_3)^2+(\sigma_3-\sigma_1)^2\right]^{\frac{1}{2}} \tag{5.3}$$

破坏面定义为

$$S=S_1=\frac{2r_2(r_2^2-r_1^2)\cos\eta+r_2(2r_1-r_2)\left[4(r_2^2-r_1^2)\cos^2\eta+5r_1^2-4r_1r_2\right]^{\frac{1}{2}}}{4(r_2^2-r_1^2)\cos^2\eta+(r_2-2r_1)^2} \tag{5.4}$$

其中

$$\cos\eta=\frac{2\sigma_1-\sigma_2-\sigma_3}{\sqrt{2}\left[(\sigma_1-\sigma_2)^2+(\sigma_2-\sigma_3)^2+(\sigma_3-\sigma_1)^2\right]^{\frac{1}{2}}} \tag{5.5}$$

受拉子午线

$$r_1=a_0+a_1\xi+a_2\xi^2 \tag{5.6}$$

受压子午线

$$r_2=b_0+b_1\xi+b_2\xi^2 \tag{5.7}$$

其中

$$\xi=\frac{\sigma_h}{f_c}$$

式中　a_0、a_1、a_2 和 b_0、b_1、b_2——待定系数，可以由以下方程求解得到。

$$\left\{\begin{array}{c}\dfrac{F_1}{f_c}(\sigma_1=f_t,\ \sigma_2=0,\ \sigma_3=0)\\[2mm]\dfrac{F_1}{f_c}(\sigma_1=0,\ \sigma_2=\sigma_3=f_{cb})\\[2mm]\dfrac{F_1}{f_c}(\sigma_1=-\sigma_h^a,\ \sigma_2=\sigma_3=-\sigma_h^a-f_1)\end{array}\right\}=\begin{bmatrix}1 & \xi_t & \xi_t^2\\1 & \xi_{cb} & \xi_{cb}^2\\1 & \xi_1 & \xi_1^2\end{bmatrix}\left\{\begin{array}{c}a_0\\a_1\\a_2\end{array}\right\} \tag{5.8}$$

其中，$\xi_t=\dfrac{f_t}{3f_c}$，$\xi_{cb}=-\dfrac{2f_{cb}}{3f_c}$，$\xi_1=-\dfrac{\sigma_h^a}{f_c}-\dfrac{2f_1}{3f_c}$。

同理

$$\left\{ \begin{array}{c} \dfrac{F_1}{f_c}(\sigma_1=0,\ \sigma_2=0,\ \sigma_3=f_c) \\[2mm] \dfrac{F_1}{f_c}(\sigma_1=\sigma_2=-\sigma_h^a,\ \sigma_3=-\sigma_h^a-f_2) \\[2mm] \dfrac{F_1}{f_c}(\sigma_1=\sigma_2=\sigma_3=0) \end{array} \right\} = \begin{bmatrix} 1 & \xi_c & \xi_c^2 \\ 1 & \xi_2 & \xi_2^2 \\ 1 & \xi_0 & \xi_0^2 \end{bmatrix} \left\{ \begin{array}{c} b_0 \\ b_1 \\ b_2 \end{array} \right\} \tag{5.9}$$

其中，$\xi_c=-\dfrac{f_c}{3f_c}$，$\xi_2=-\dfrac{\sigma_h^a}{f_c}-\dfrac{f_2}{3f_c}$，$\xi_0=\dfrac{-a_1+\sqrt{a_1^2-4a_0a_2}}{2a_0}$。

在该分区内，当应力达到破坏面时，混凝土发生压碎破坏。

（2）拉-压-压分区（$\sigma_1\geqslant0\geqslant\sigma_2\geqslant\sigma_3$）。在该分区内，破坏面和 William - Warnke 破坏面基本相同，但是有所变化，拉应力不再在应力组合中出现，只用于将破坏面做一线性折减。

$$F=F_2=\frac{1}{\sqrt{15}}\left[\sigma_2^2+(\sigma_2-\sigma_3)^2+\sigma_3^2\right]^{\frac{1}{2}} \tag{5.10}$$

$$S=S_2=\left(1-\frac{\sigma_1}{f_t}\right)\frac{2p_2(p_2^2-p_1^2)\cos\eta+p_2(2p_1-p_2)[4(p_2^2-p_1^2)\cos^2\eta+5p_1^2-4p_1p_2]^{\frac{1}{2}}}{4(p_2^2-p_1^2)\cos^2\eta+(p_2-2p_1)^2}$$

$$\tag{5.11}$$

其中，$p_1=a_0+a_1\chi+a_2\chi^2$，$p_2=b_0+b_1\chi+b_2\chi^2$，$\chi=\dfrac{1}{3}(\sigma_2-\sigma_3)$。

在该分区内，当应力达到破坏面时，混凝土破坏按开裂处理，并且裂缝出现在垂直主应力 σ_1 的平面上。

（3）拉-拉-压分区（$\sigma_1\geqslant\sigma_2\geqslant0\geqslant\sigma_3$）。在该分区内，压应力不再在应力组合中出现，而破坏面随压应力做一线性折减。

$$F=F_3=\sigma_i,\ i=1、2 \tag{5.12}$$

$$S=S_3=\frac{f_t}{f_c}\left(1+\frac{\sigma_3}{f_c}\right) \tag{5.13}$$

在该分区内，假如 $i=1、2$ 的应力状态都满足破坏准则，混凝土破坏也按开裂处理，那么裂缝将出现在垂直主应力 σ_1、σ_2 的平面上，若应力状态在 $i=1$ 时满足破坏准则，则裂缝只出现在垂直主应力 σ_1 的平面上。

（4）拉-拉-拉分区（$\sigma_1\geqslant\sigma_2\geqslant\sigma_3\geqslant0$）。在该分区内，混凝土的破坏面为 Rankine 的最大拉应力破坏面。

$$F=F_4=\sigma_i,\ i=1、2、3 \tag{5.14}$$

$$S=S_4=\frac{f_t}{f_c} \tag{5.15}$$

在该分区内，如果应力状态在 1、2、3 三个方向上都得到满足，那么裂缝将出现在垂直于主应力 σ_1、σ_2、σ_3 的平面上；如果应力状态在 1、2 两个方向上都得到满足，那么裂缝将出现在垂直于主应力 σ_1、σ_2 的平面上；如果应力状态只在 1 方向上都得到满足，那么裂缝将只出现在垂直于主应力 σ_1 的平面上。

3. 压碎与开裂模拟

在非线性有限元计算中，当应力组合达到破坏面时，则单元进入压碎或开裂状态。如果在单轴、双轴或三轴压力作用下，某个积分点上的材料失效了，就意味着这个点上的材料压碎了。单元进入压碎状态，则单元刚度为零，且应力完全释放。

通过修正的应力-应变关系，引入垂直与裂缝表面方向上的一个缺陷平面来表示在某个积分点上出现了裂缝。当裂缝张开时，后继荷载产生了在裂缝表面的滑动或剪切时，引入一个剪切力传递系数 β_t 来模拟剪切力的损失。当裂缝闭合时，所有垂直于裂缝面的压应力都能传递到裂缝上，但是剪切力只传递原来的 β_c 倍。

在抗裂计算过程中，裂缝闭合的判据为：开裂应变 $\varepsilon_{ck}^{ck} < 0$。其中，开裂应变 ε_{ck}^{ck} 的定义为

$$\varepsilon_{ck}^{ck} = \begin{cases} \varepsilon_1^{ck} + \dfrac{\mu}{1-\mu}(\varepsilon_2^{ck} + \varepsilon_3^{ck}) & \text{（只有一条裂缝）} \\[2mm] \varepsilon_1^{ck} + \mu\varepsilon_2^{ck} & \text{（有两条裂缝）} \\[2mm] \varepsilon_1^{ck} & \text{（有三条裂缝）} \end{cases} \tag{5.16}$$

$$\{\varepsilon^{ck}\} = [\boldsymbol{T}^{ck}]\{\varepsilon'\}$$

式中　$[\boldsymbol{T}^{ck}]$ ——坐标转换矩阵。

$$\{\varepsilon'\} = \{\varepsilon_{n-1}^{el}\} + \{\Delta\varepsilon_n\} - \{\Delta\varepsilon_n^{th}\} - \{\Delta\varepsilon_n^{pl}\} \tag{5.17}$$

式中　n——荷载步数；

$\{\varepsilon_{n-1}^{el}\}$ ——前一步弹性应变；

$\{\Delta\varepsilon_n\}$ ——应变增量；

$\{\Delta\varepsilon_n^{th}\}$ ——热应变增量；

$\{\Delta\varepsilon_n^{pl}\}$ ——塑性应变增量。

如果 $\varepsilon_{ck}^{ck} \geqslant 0$，则认为裂缝是张开的，在某个积分点上出现了裂缝之后，则认为在下一步迭代中裂缝是张开的。

5.2.2　钢筋模型

在非线性有限元计算中，采用整体式钢筋模型，可以通过定义各个方向的配筋率来模拟钢筋混凝土。也就是将钢筋分布于整个单元中，假定混凝土和钢筋黏结很好，并把单元视为连续均匀材料，在计算时综合求得了混凝土和钢筋的刚度矩阵，即把混凝土和钢筋的刚度矩阵直接放在一起求得一个综合刚度矩阵。

5.3 坝后背管三维非线性有限元分析

5.3.1 计算方案一

1. 计算模型

计算方案一采用钢衬壁厚 26mm，材料为 16MnR 钢，弹性模量 $E=206GPa$，泊松比 $\mu=0.3$，抗拉强度设计值 $\sigma_s=300MPa$。外包混凝土厚为 1.5m，强度等级为 C25，弹性模量 $E=28GPa$，泊松比 $\mu=0.167$，轴心抗压强度 $f_c=12.5MPa$，轴心抗拉强度 $f_t=1.27MPa$。钢筋为 Ⅱ 级，切线弹性模量 $E_s=200GPa$，泊松比 $\mu=0.25$，屈服强度 $\sigma_{0.2}=310MPa$，割线弹性模量 $E_c=20GPa$，环向配置 3 层钢筋，每层为 φ40@200，体积配筋率为 1.26%。考虑施工、温度变化和混凝土徐变等因素，钢管和外包混凝土之间留有 2.5mm 的缝隙。管坝之间的垫层厚度为 30mm，垫层材料弹性模量设为 $E=2MPa$，泊松比 $\mu=0.3$。

在对背管结构进行非线性有限元分析时，取出 5-5 断面为计算断面。此断面的内水压力为 60m 水头，考虑到 40% 的水击压力升高值，因此 5-5 断面的设计内水压力为 $1.4\times60=84$（m）水头，即设计内压 $p=0.84MPa$。

在 5-5 断面沿管道轴向切出 2m 长的管段进行计算分析，其计算模型模拟范围如图 5.4 所示。在对计算模型进行单元划分时，钢衬采用 4 节点的壳体单元来模拟，每个单元

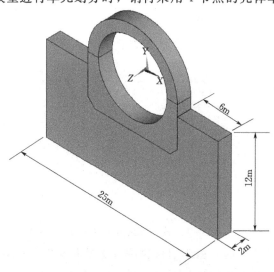

图 5.4 计算模型模拟范围图

节点具有 6 个自由度。外包混凝土及坝体采用 8 节点的块体单元模拟，每个节点具有 3 个自由度。钢衬和外包混凝土留有的缝隙用弹簧单元连接，管坝之间的垫层也用弹簧单元来模拟。其计算模型的单元划分如图 5.5 所示，该典型段的结构计算模型是按平面应变问题进行计算的，并且由此给出计算模型沿轴向位移边界条件。

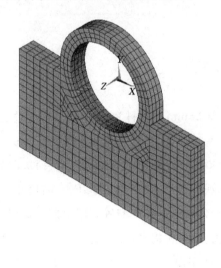

图 5.5　计算模型单元划分图

2. 计算结果分析

对龙开口水电站钢衬钢筋混凝土坝后背管三维非线性有限元的计算结果进行分析，取出如图 5.6 所示的分析断面。发现随着内水压力的增大，背管结构主要经历了如下几个阶段：

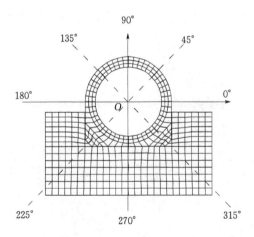

图 5.6　背管结构分析断面图

（1）当 $0 \leqslant p \leqslant 0.55 \mathrm{MPa}$ 时，由于钢衬的径向变形小于 2.5mm，钢衬和外包混凝土没有充分接触，此时的内水压力有钢衬单独承担，混凝土管不参与受力。当内压力达到 0.55MPa 时，钢衬的环向拉应力为 105.77MPa。

（2）当 $0.55 < p \leqslant 0.88$MPa 时，钢衬和混凝土管开始联合受力，但混凝土处于弹性状态。此时混凝土管的局部最大环向拉应力出现在大约 $\theta = 45°$ 和 $135°$ 的混凝土管内缘上。当内水压力达到设计内压 0.84MPa 时，钢衬的最大环向拉应力为 128.62MPa，外包混凝土管的最大环向拉应力为 1.04MPa。

（3）当 $0.88 < p < 1.02$MPa 时，外包混凝土发生局部塑性屈服，其屈服的顺序为由大约 $\theta = 45°$ 和 $135°$ 的部位向管顶发展，由混凝土管的内缘向外缘发展。

（4）当 $P = 1.02$MPa 时，外包混凝土管出现第一条初裂缝，初裂缝出现的位置大约在 $\theta = 37°$ 和 $143°$ 的混凝土管内缘上。

（5）当 $1.02 < p < 1.06$MPa 时，外包混凝土管裂缝条数继续增加，但没有裂穿，此时局部混凝土已经软化，环向应力有所下降。

（6）当 $p = 1.06$MPa 时，外包混凝土管出现第一条贯穿性裂缝，贯穿性裂缝出现在大约 $\theta = 50°$ 和 $130°$ 的混凝土管上，这与文献［6］的模型试验结果很接近。

（7）当 $1.06 < p < 1.962$MPa 时，随着内水压力的增加，贯穿性裂缝条数迅速增加，当内水压力达到 1.70MPa 时，上半圆混凝土基本上都已裂穿。

（8）当 $p = 1.962$MPa 时，外包混凝土管在 $-50° < \theta < 230°$ 范围内都已开裂，此时钢衬的局部最大环向拉应力已经达到 300.05MPa，钢衬已经开始进入塑性屈服状态，相应的内水压力 1.962MPa 可以认为时钢衬钢筋混凝土背管的极限承载力。那么相应的安全系数为 $1.962/0.84 = 2.34$，满足设计要求。

如果由钢衬单独承受内水压力，当最大环向拉应力达到屈服极限 300MPa 时，钢衬能承受的内水压力为 1.56MPa，安全系数为 $1.56/0.84 = 1.86$，满足设计要求。

如果由外包混凝土管单独承受内水压力，可以计算出其极限承载力为 0.96MPa，安全系数为 1.14，满足设计要求。

现在给出在几种典型内水压力下，背管结构的应力分布情况，其具体结果见表 5.1。

表 5.1　　　　　　　　　　钢衬钢筋混凝土坝后背管结构应力　　　　　　　　　　单位：MPa

结构应力	内水压力	部位	管中 ($\theta = 0°$ 或 180°)	管中上 ($\theta = 45°$ 或 135°)	管顶 ($\theta = 90°$)	管中下 ($\theta = 225°$ 或 315°)	管底 ($\theta = 270°$)
			环向	环向	环向	环向	环向
钢衬应力	0.840	$r = 5.013$m	124.99	124.67	124.93	125.19	125.37
	1.020		147.01	146.59	146.86	147.11	147.34
	1.100		170.02	168.51	170.01	170.11	170.31
	1.400		213.38	211.06	214.66	212.91	213.18
	1.680		254.75	251.72	255.75	253.80	254.16
	1.962		295.09	291.10	294.09	291.99	293.74

续表

结构应力	内水压力	部位	管中 (θ=0° 或 180°)		管中上 (θ=45° 或 135°)		管顶 (θ=90°)		管中下 (θ=225° 或 315°)		管底 (θ=270°)	
			环向	径向	环向	径向	环向	径向	环向	径向	环向	径向
混凝土管应力	0.840	内缘	0.853	−0.047	0.990	−0.274	0.402	−0.094	0.532	−0.216	0.204	−0.106
		r=5.50m	0.693	−0.026	0.837	−0.215	0.523	−0.059	0.472	−0.177	0.171	−0.087
		r=6.00m	0.625	0.014	0.712	−0.138	0.629	−0.001	0.427	−0.105	0.148	−0.048
		外缘	0.605	0.026	0.589	−0.101	0.728	0.026	0.345	−0.050	0.122	−0.020
	1.020	内缘	0.980	−0.077	1.253	−0.357	0.650	−0.114	0.757	−0.297	0.309	−0.141
		r=5.50m	0.847	−0.045	1.072	−0.283	0.713	−0.073	0.649	−0.244	0.250	−0.117
		r=6.00m	0.809	0.013	0.924	−0.183	0.785	−0.002	0.565	−0.154	0.208	−0.068
		外缘	0.832	0.033	0.778	−0.135	0.858	0.030	0.427	−0.090	0.166	−0.034
	1.100	内缘	0.843	−0.073	0.015	−1.281	0.172	−0.194	0.605	−0.246	0.242	−0.120
		r=5.50m	0.746	−0.043	0.005	−1.176	0.714	−0.186	0.531	−0.203	0.200	−0.099
		r=6.00m	0.698	0.022	0.004	−0.999	0.873	−0.166	0.476	−0.125	0.170	−0.056
		外缘	0.748	0.054	0.002	−0.862	0.439	−0.153	0.379	−0.067	0.138	−0.026
	1.400	内缘	−0.027	−0.193	0.002	−1.654	0.811	−0.154	0.915	−0.344	0.372	−0.159
		r=5.50m	−0.016	−0.135	0.002	−1.486	−0.016	−0.201	0.766	−0.279	0.297	−0.132
		r=6.00m	−0.011	−0.071	0.003	−1.260	−0.024	−0.126	0.648	−0.177	0.244	−0.076
		外缘	−0.018	−0.061	0	−1.126	−0.019	−0.064	0.463	−0.108	0.192	−0.039
	1.680	内缘	−0.019	−0.243	0.002	−1.994	1.269	−0.153	1.007	−0.343	0.464	−0.194
		r=5.50m	−0.014	−0.178	0.002	−1.786	−0.017	−0.219	0.780	−0.284	0.365	−0.164
		r=6.00m	−0.021	−0.078	0.003	−1.503	−0.023	−0.124	0.728	−0.238	0.300	−0.099
		外缘	−0.016	−0.032	0.003	−1.323	−0.023	−0.069	0.794	−0.208	0.230	−0.056
	1.962	内缘	−0.032	−0.284	0.003	−2.340	−0.019	−0.313	0.002	−1.615	0.511	−0.241
		r=5.50m	−0.036	−0.222	0.003	−2.115	−0.014	−0.245	0.001	−1.349	0.405	−0.208
		r=6.00m	−0.028	−0.107	0.007	−1.792	−0.008	−0.112	−0.002	−1.011	0.334	−0.135
		外缘	−0.030	−0.078	0.014	−1.598	−0.024	−0.078	−0.003	−0.731	0.264	−0.087

背管结构的应力及裂缝分布情况详见图5.7～图5.22。

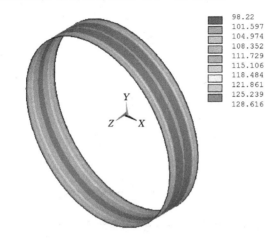

图 5.7 钢衬环向应力云图 （0.84MPa）

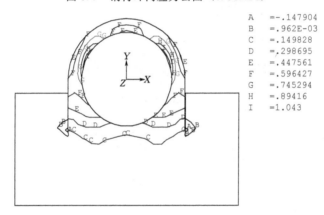

图 5.8 混凝土管环向应力等值线图 （0.84MPa）

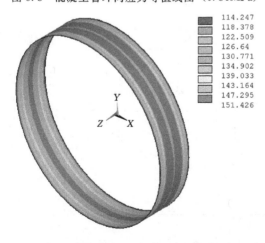

图 5.9 钢衬环向应力云图 （1.02MPa）

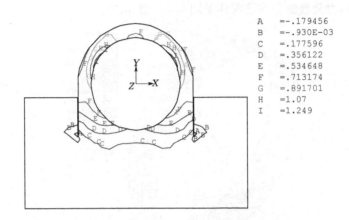

```
A  =-.179456
B  =-.930E-03
C  =.177596
D  =.356122
E  =.534648
F  =.713174
G  =.891701
H  =1.07
I  =1.249
```

图 5.10　混凝土管环向应力等值线图（1.02MPa）

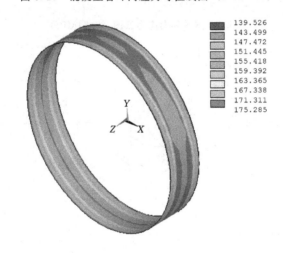

```
139.526
143.499
147.472
151.445
155.418
159.392
163.365
167.338
171.311
175.285
```

图 5.11　钢衬环向应力云图（1.10MPa）

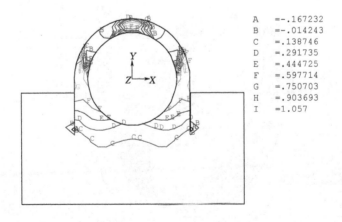

```
A  =-.167232
B  =-.014243
C  =.138746
D  =.291735
E  =.444725
F  =.597714
G  =.750703
H  =.903693
I  =1.057
```

图 5.12　混凝土管环向应力等值线图（1.10MPa）

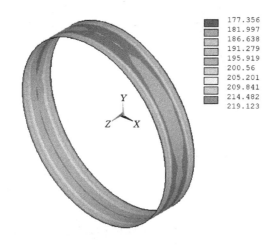

图 5.13　钢衬环向应力云图（1.40MPa）

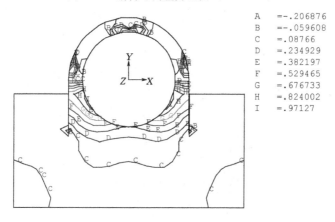

图 5.14　混凝土管环向应力等值线图（1.40MPa）

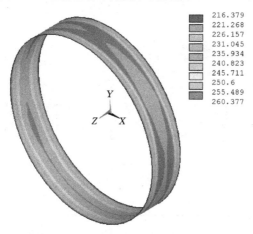

图 5.15　钢衬环向应力云图（1.68MPa）

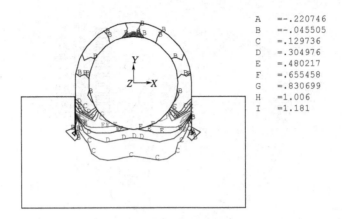

图 5.16　混凝土管环向应力等值线图 （1.68MPa）

图 5.17　钢衬环向应力云图 （1.962MPa）

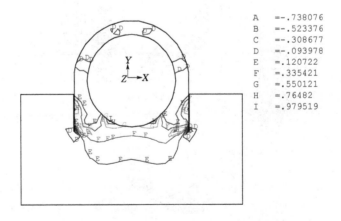

图 5.18　混凝土管环向应力等值线图 （1.962MPa）

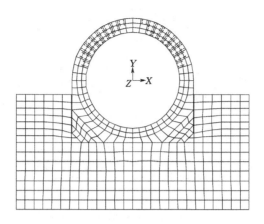

图 5.19 混凝土管裂缝分布图 （1.10MPa）

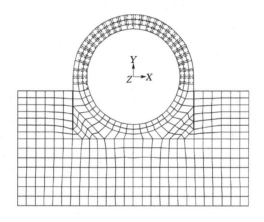

图 5.20 混凝土管裂缝分布图 （1.40MPa）

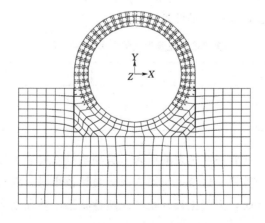

图 5.21 混凝土管裂缝分布图 （1.10MPa）

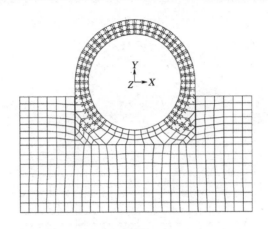

图 5.22　混凝土管裂缝分布图（1.40MPa）

为了分析外包混凝土管环向应力沿径向的变化情况，此处给出了在设计内压 0.84MPa 下，混凝土管环向应力沿径向的变化图，如图 5.23 所示。

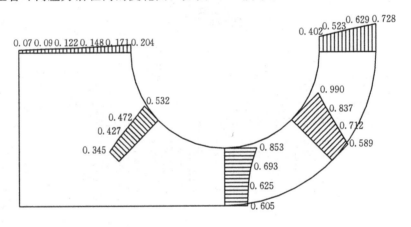

图 5.23　混凝土管环向应力沿径向的变化图（单位：MPa）

另外，为了分析外包混凝土管的变形情况，现在给出管坝垫层处混凝土管最大水平位移随内水压力的变化过程，计算结果见表 5.2。

表 5.2　　　　　　　　　　管坝垫层处混凝土管最大水平位移

内水压力/MPa	0.55	0.84	1.02	1.10	1.40	1.68	1.962
垫层处混凝土管最大水平位移/mm	0	0.210	0.258	0.326	0.502	1.953	3.661

从表 5.2 可以看出，随着内水压力的增大，管坝垫层处混凝土管最大水平位移逐渐增加，并且增加的速度越来越快。这是由于当内水压力比较小时，混凝土管尚未开裂，其变形较小，当内压逐渐增大时，混凝土管开始进入塑性状态，并渐渐产生裂缝，其变形急剧增大。

为了更清楚分析钢衬和外包混凝土管之间联合受力时荷载的分配情况，特计算了钢衬的承载比例系数,计算结果见表 5.3。

表 5.3 　　　　　　　　　　　钢衬承载比例系数

内水压力/MPa	0.55	0.84	1.02	1.10	1.40	1.68	1.962
承载比例系数	1.00	0.77	0.75	0.80	0.79	0.78	0.78

从表 5.3 中可以看出,随着内水压力的增加,钢衬的承载比例系数呈现先下降后上升的趋势,最后趋于平缓。这是由于当内水压力较小时（$P<1.02$MPa）,外包混凝土处于弹性或弹塑性状态,此时钢衬和混凝土联合承载,而混凝土的变形很小,外包混凝土管将承担一部分内水压力,所以,随着内水压力的增加,钢衬的承载比例逐渐减小。当内水压力 1.02MPa$<P<1.10$MPa 时,混凝土管正处于裂缝急剧开展阶段,混凝土中的应力将得到释放,外包混凝土管承载力降低,所以钢衬的承载比例系数增加。当内水压力 $P>1.10$MPa 时,混凝土管的上半圆的裂缝已基本上开裂完毕,此时钢筋参与承载,并且钢筋处于弹性状态,因此,钢衬的承载比例系数趋于平缓,基本上不发生变化。

为了分析钢衬环向应力与内水压力之间的变化规律,特绘制了钢衬环向应力与内水压力之间的关系曲线,如图 5.24 所示。

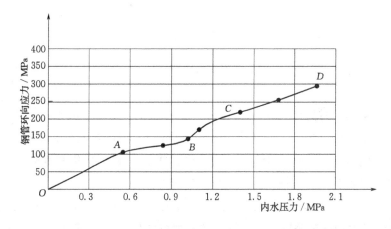

图 5.24　钢衬环向应力与内水压力之间关系曲线

从图 5.24 中的关系曲线可以看出,当内水压力 $P<0.55$MPa 时,由于钢衬单独承受内水压力,因此钢衬环向应力与内水压力之间呈线性关系,见图中 OA 段直线。当内水压力增大时,见图中 AB 段曲线,此时由于混凝土管参与受力,钢衬环向应力增加缓慢。当内水压力 $P>1.02$MPa 时,见图中 BC 段曲线,由于混凝土裂缝的开展,钢衬环向应力迅速增加,并且逐渐趋于平稳。由上述分析得到的规律同文献 [7] 的分析结果很类似。

对于背管结构的变形情况的分析,现在给出管顶（$\theta=90°$）钢衬的径向位移与内水压力之间的关系,其关系曲线如图 5.25 所示。

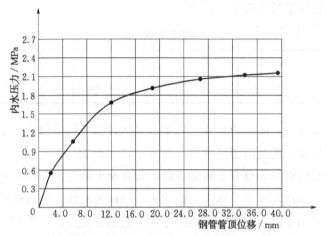

图 5.25　管顶钢衬的径向位移与内水压力间的关系曲线

从图 5.25 的关系曲线中可以看出，当内水压力较小时（$P<0.55$MPa），管顶钢衬的径向位移与内水压力基本上呈线性关系；一旦外包混凝土管开裂（$P>1.02$MPa），钢衬的径向位移将增加得越来越快；特别是当内水压力 $P>1.96$MPa 时，钢衬已经进入塑性屈服状态，其径向位移迅速增加。这一关系曲线与理论分析和模型试验结果相当吻合。

5.3.2　计算方案二

1. 计算模型

计算方案二采用钢衬壁厚 24mm，材料为 16MnR 钢。外包混凝土厚为 2.0m，强度等级为 C25。混凝土管环向配置 3 层钢筋，每层为 $\phi 40@200$，体积配筋率为 0.94%。钢管和外包混凝土之间留有 2.0mm 的缝隙，用以模拟施工、温度变化和混凝土徐变的影响。背管结构的其他材料参数和方案一相同，此处不再详述。

方案二仍取 5-5 断面为分析断面，设计内压 $P=0.84$MPa。在 5-5 断面沿管道轴向切出 2m 长的管段进行计算分析，其计算模型模拟范围如图 5.26 所示。其计算模型的单元

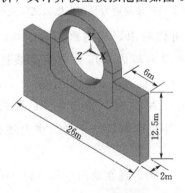

图 5.26　计算模型模拟范围图

划分如图 5.27 所示。

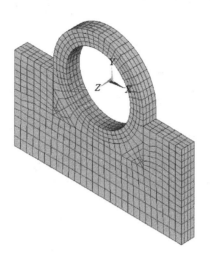

图 5.27　计算模型单元划分图

2. 计算结果分析

对龙开口水电站钢衬钢筋混凝土坝后背管三维非线性有限元的计算结果（方案二）进行分析。发现随着内水压力的增大，背管结构主要经历了如下几个阶段：

（1）当 $0 \leqslant P \leqslant 0.41$MPa 时，由于钢衬的径向变形小于 2.0mm，钢衬和外包混凝土没有充分接触，此时的内水压力有钢衬单独承担，混凝土管不参与受力。当内压力达到 0.41MPa 时，钢衬的环向拉应力为 85.42MPa。

（2）当 $0.41 < P \leqslant 0.90$MPa 时，钢衬和混凝土管开始联合受力，但混凝土处于弹性状态。此时混凝土管的局部最大环向拉应力出现在大约 $\theta = 45°$ 和 $135°$ 的混凝土管内缘上。当内水压力达到设计内压 0.84MPa 时，钢衬的最大环向拉应力为 120.964MPa，外包混凝土管的最大环向拉应力为 1.254MPa。

（3）当 $0.90 < P < 0.96$MPa 时，外包混凝土发生局部塑性屈服，其屈服的顺序为由大约 $\theta = 45°$ 和 $135°$ 的部位向管顶发展，由混凝土管的内缘向外缘发展。

（4）当 $P = 0.96$MPa 时，外包混凝土管出现第一条初裂缝，初裂缝出现的位置大约在 $\theta = 30°$ 和 $150°$ 的混凝土管内缘上。

（5）当 $0.96 < P < 1.04$MPa 时，外包混凝土管裂缝条数继续增加，但没有裂穿，此时局部混凝土已经软化，环向应力有所下降。

（6）当 $P = 1.04$MPa 时，外包混凝土管出现第一条贯穿性裂缝，贯穿性裂缝出现在大约 $\theta = 50°$ 和 $130°$ 的混凝土管上。

（7）当 $1.04 < P < 1.89$MPa 时，随着内水压力的增加，贯穿性裂缝条数迅速增加，当内水压力达到 1.52MPa 时，上半圆混凝土基本上都已裂穿。

（8）当 $P = 1.89$MPa 时，外包混凝土管在 $-52° < \theta < 232°$ 范围内都已开裂，此时钢衬的局部最大环向拉应力已经达到 303.068MPa，钢衬已经开始进入塑性屈服状态，相应的

内水压力 1.89MPa 可以认为是钢衬钢筋混凝土背管的极限承载力。那么相应的安全系数为 1.89/0.84＝2.25，满足设计要求。

如果由钢衬单独承受内水压力，当最大环向拉应力达到屈服极限 300MPa 时，钢衬能承受的内水压力为 1.44MPa，安全系数为 1.44/0.84＝1.71，满足设计要求。

如果由外包混凝土管单独承受内水压力，可以计算出其极限承载力为 1.06MPa，安全系数为 1.26，满足设计要求。

现在给出在几种典型内水压力下，背管结构的应力分布情况，其具体结果见表 5.4。

表 5.4　　　　　　　　　　钢衬钢筋混凝土坝后背管结构应力　　　　　　　　单位：MPa

结构应力	内水压力	部位	管中 ($\theta=0°$ 或 180°)		管中上 ($\theta=45°$ 或 135°)		管顶 ($\theta=90°$)		管中下 ($\theta=225°$ 或 315°)		管底 ($\theta=270°$)	
			环向		环向		环向		环向		环向	
钢衬应力	0.840	$r=5.012$m	116.29		115.99		116.16		116.53		116.72	
	0.960		134.88		134.56		134.73		135.09		135.30	
	1.100		166.40		165.61		166.47		166.70		166.91	
	1.400		219.35		217.88		220.86		219.36		219.58	
	1.680		263.63		261.61		263.84		263.42		263.79	
	1.890		297.64		294.65		297.45		295.43		297.02	
			环向	径向	环向	径向	环向	径向	环向	径向	环向	径向
混凝土管应力	0.840	内缘	1.060	−0.114	1.098	−0.330	0.521	−0.164	0.689	−0.289	0.307	−0.174
		$r=5.50$m	0.855	−0.083	0.953	−0.269	0.587	−0.128	0.610	−0.240	0.260	−0.147
		$r=6.00$m	0.748	−0.026	0.839	−0.183	0.650	−0.064	0.550	−0.165	0.225	−0.098
		$r=6.50$m	0.690	0.006	0.735	−0.122	0.713	−0.010	0.490	−0.098	0.193	−0.058
		外缘	0.663	0.019	0.635	−0.088	0.780	0.019	0.357	−0.030	0.165	−0.013
	0.960	内缘	1.116	−0.131	1.200	−0.365	0.622	−0.179	0.780	−0.323	0.359	−0.192
		$r=5.50$m	0.914	−0.096	1.044	−0.297	0.666	−0.138	0.684	−0.269	0.300	−0.163
		$r=6.00$m	0.812	−0.032	0.922	−0.202	0.716	−0.068	0.610	−0.187	0.257	−0.109
		$r=6.50$m	0.763	0.005	0.810	−0.135	0.770	−0.011	0.538	−0.116	0.218	−0.067
		外缘	0.747	0.021	0.702	−0.097	0.830	0.019	0.384	−0.045	0.183	−0.019
	1.100	内缘	0.516	−0.211	0.025	−1.162	0.263	−0.200	0.785	−0.312	0.352	−0.183
		$r=5.50$m	0.303	−0.135	0.008	−1.161	0.502	−0.158	0.681	−0.257	0.295	−0.154
		$r=6.00$m	0.913	0.014	0.032	−1.076	0.695	−0.086	0.601	−0.176	0.252	−0.101
		$r=6.50$m	0.848	0.014	0.018	−0.985	0.861	−0.016	0.525	−0.107	0.213	−0.059
		外缘	0.597	−0.042	0.006	−0.957	1.013	0.023	0.368	−0.038	0.180	−0.012

结构应力	内水压力	部位	管中 (θ=0° 或180°)		管中上 (θ=45° 或135°)		管顶 (θ=90°)		管中下 (θ=225° 或315°)		管底 (θ=270°)	
			环向	径向	环向	径向	环向	径向	环向	径向	环向	径向
混凝土管应力	1.400	内缘	-0.031	-0.243	0.002	-1.490	0.787	-0.194	0.864	-0.356	0.410	-0.211
		r=5.50m	-0.030	-0.157	0.001	-1.345	-0.015	-0.213	0.751	-0.297	0.339	-0.180
		r=6.00m	0.575	0.029	0.003	-1.115	-0.015	-0.155	0.664	-0.209	0.287	-0.121
		r=6.50m	-0.004	0.008	0.004	-1.012	-0.017	-0.103	0.583	-0.134	0.241	-0.075
		外缘	-0.012	-0.037	0.026	-1.005	-0.020	-0.064	0.412	-0.061	0.202	-0.024
	1.680	内缘	-0.024	-0.293	0.003	-1.813	-0.007	-0.305	1.139	-0.385	0.514	-0.251
		r=5.50m	-0.021	-0.246	0.006	-1.644	-0.010	-0.260	0.870	-0.338	0.419	-0.215
		r=6.00m	-0.022	-0.151	0.003	-1.418	-0.004	-0.164	0.743	-0.254	0.349	-0.146
		r=6.50m	-0.023	-0.095	0.005	-1.240	-0.002	-0.074	0.609	-0.170	0.290	-0.094
		外缘	0.003	-0.042	0.017	-1.121	-0.014	-0.044	0.567	-0.136	0.239	-0.036
	1.890	内缘	-0.024	-0.310	0.003	-2.017	-0.012	-0.325	0.006	-1.406	0.507	-0.289
		r=5.50m	-0.026	-0.254	0.004	-1.834	-0.025	-0.276	0.109	-1.167	0.419	-0.252
		r=6.00m	-0.017	-0.151	0.006	-1.580	-0.018	-0.155	0.003	-0.827	0.358	-0.182
		r=6.50m	0	-0.059	0.005	-1.372	-0.016	-0.081	0.229	-0.599	0.305	-0.127
		外缘	0.002	-0.005	0.025	-1.229	-0.017	-0.056	0.222	-0.210	0.257	-0.066

背管结构的应力及裂缝分布情况如图 5.28～图 5.39 所示。

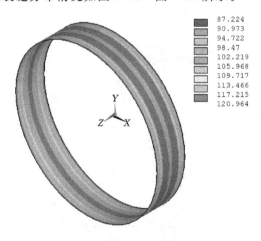

图 5.28 钢衬环向应力云图（0.84MPa）

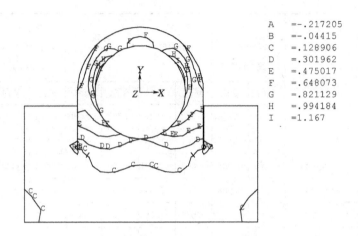

A	=-.217205
B	=-.04415
C	=.128906
D	=.301962
E	=.475017
F	=.648073
G	=.821129
H	=.994184
I	=1.167

图 5.29　混凝土管环向应力等值线图（0.84MPa）

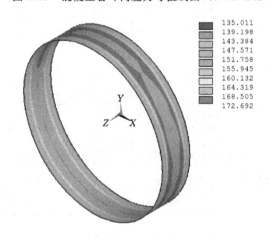

135.011
139.198
143.384
147.571
151.758
155.945
160.132
164.319
168.505
172.692

图 5.30　钢衬环向应力云图（1.10MPa）

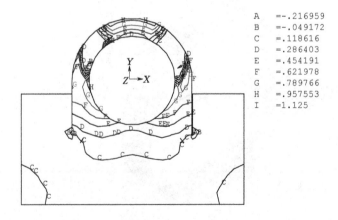

A	=-.216959
B	=-.049172
C	=.118616
D	=.286403
E	=.454191
F	=.621978
G	=.789766
H	=.957553
I	=1.125

图 5.31　混凝土管环向应力等值线图（1.10MPa）

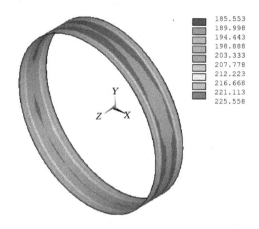

```
185.553
189.998
194.443
198.888
203.333
207.778
212.223
216.668
221.113
225.558
```

图 5.32　钢衬环向应力云图（1.40MPa）

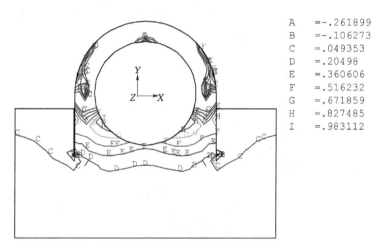

```
A  =-.261899
B  =-.106273
C  =.049353
D  =.20498
E  =.360606
F  =.516232
G  =.671859
H  =.827485
I  =.983112
```

图 5.33　混凝土管环向应力等值线图（1.40MPa）

```
227.67
232.362
237.054
241.746
246.438
251.13
255.822
260.514
265.206
269.898
```

图 5.34　钢衬环向应力云图（1.68MPa）

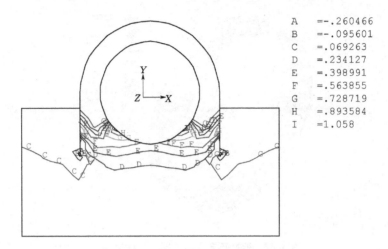

```
A    =-.260466
B    =-.095601
C    =.069263
D    =.234127
E    =.398991
F    =.563855
G    =.728719
H    =.893584
I    =1.058
```

图 5.35 混凝土管环向应力等值线图 (1.68MPa)

```
259.645
264.47
269.295
274.119
278.944
283.769
288.594
293.419
298.243
303.068
```

图 5.36 钢衬环向应力云图 (1.89MPa)

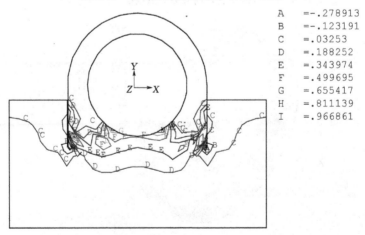

```
A    =-.278913
B    =-.123191
C    =.03253
D    =.188252
E    =.343974
F    =.499695
G    =.655417
H    =.811139
I    =.966861
```

图 5.37 混凝土管环向应力等值线图 (1.89MPa)

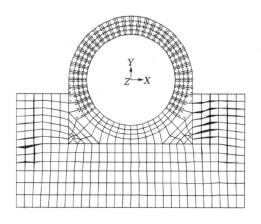

图 5.38　混凝土管裂缝分布图（1.10MPa）

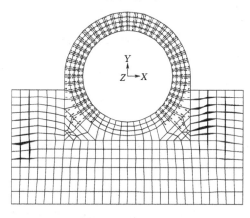

图 5.39　混凝土管裂缝分布图（1.89MPa）

对于钢衬钢筋混凝土坝后背管的钢衬承载比例系数及管坝垫层处混凝土管最大水平位移见表 5.5。

表 5.5　　　　钢衬承载比例系数及管坝垫层处混凝土管最大水平位移

内水压力/MPa	0.41	0.84	0.96	1.10	1.40	1.68	1.89
承载比例系数	1.00	0.66	0.68	0.72	0.75	0.75	0.75
垫层处混凝土管最大水平位移/mm	0	0.263	0.327	0.337	0.679	2.140	3.590

5.3.3　预应力钢衬钢筋混凝土管分析

1. 计算模型

为了分析预应力钢衬钢筋混凝土管的受力特性，本方案对预应力混凝土管进行了计算分析。其中钢衬壁厚采用 24mm，材料为 16MnR 钢。外包混凝土厚为 1.5m，强度等级为 C40。混凝土管环向配置受力钢筋和预应力钢绞线，其环向配筋简图如图 5.40 所示。钢管和外包混凝土之间留有 2.1mm 的缝隙，用以模拟施工、温度变化和混凝土徐变的影响。此方案取 5－5 断面为分析断面，设计内压 $P＝0.84MPa$。其计算模型与方案二类似，此处不再详述。

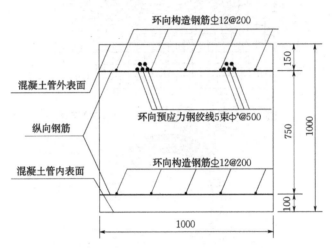

图 5.40　预应力混凝土管环向配筋简图（5 束 $\phi^s15@333$）

2. 计算结果分析

对预应力钢衬钢筋混凝土管的计算分析主要考虑了三种计算荷载：①荷载一，当钢管内压为零时，即空管状态下施加环向预应力时，计算混凝土管的应力分布情况；②荷载二，在设计内压 $P＝0.84MPa$ 下，预应力钢衬钢筋混凝土管的应力分布情况；③荷载三，按照抗裂设计的标准，在极限内压 $P＝1.02MPa$ 下，此时混凝土管的预压环向应力完全释放，其环向应力值接近于零。预应力钢衬钢筋混凝土管的计算结果见表 5.6，部分应力分布情况如图 5.41～图 5.46 所示。

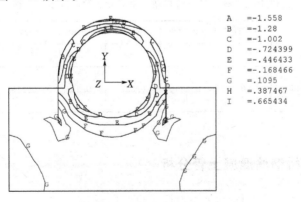

A	=-1.558
B	=-1.28
C	=-1.002
D	=-.724399
E	=-.446433
F	=-.168466
G	=.1095
H	=.387467
I	=.665434

图 5.41　预应力混凝土管环向应力图（无内压）

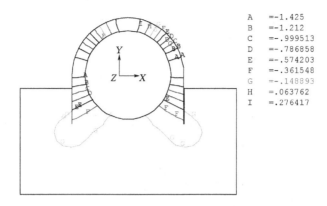

```
A  =-1.425
B  =-1.212
C  =-.999513
D  =-.786858
E  =-.574203
F  =-.361548
G  =-.148893
H  =.063762
I  =.276417
```

图 5.42 预应力混凝土管径向位移图（无内压）

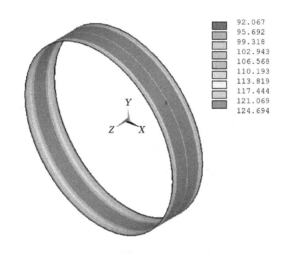

```
92.067
95.692
99.318
102.943
106.568
110.193
113.819
117.444
121.069
124.694
```

图 5.43 预应力管钢衬环向应力图（0.84MPa）

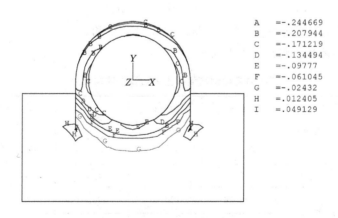

```
A  =-.244669
B  =-.207944
C  =-.171219
D  =-.134494
E  =-.09777
F  =-.061045
G  =-.02432
H  =.012405
I  =.049129
```

图 5.44 预应力混凝土管环向应力图（0.84MPa）

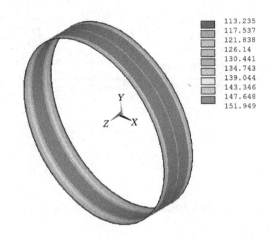

图 5.45　预应力管钢衬环向应力图（1.02MPa）

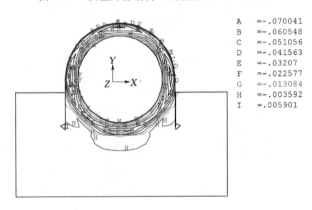

图 5.46　预应力混凝土管环向应力图（1.02MPa）

从表 5.6 可以看出，在空管状态下施加预应力时，混凝土管上的最大环向预压应力出现在管顶（$\theta=90°$）的内表面，其 $\sigma_\theta=-1.697$MPa；最小环向预压应力出现在管中（$\theta=0°$或 180°）的内表面，其 $\sigma_\theta=-0.168$MPa。在 0.84MPa 和 1.02MPa 下，预应力钢衬钢筋混凝土管中钢衬的承载比例系数均为 0.69。

表 5.6　　　　　　　　　预应力钢衬钢筋混凝土坝后背管结构应力　　　　　　单位：MPa

结构应力	内水压力	部位	管中（$\theta=0°$或 180°）	管中上（$\theta=45°$或 135°）	管顶（$\theta=90°$）	管中下（$\theta=225°$或 315°）	管底（$\theta=270°$）
			环向	环向	环向	环向	环向
钢衬应力	0.840	$r=5.012$m	120.86	120.90	120.92	120.93	120.89
	1.020		147.44	147.42	147.45	147.43	147.43

结构应力	内水压力	部位	管中 (θ=0° 或 180°)		管中上 (θ=45° 或 135°)		管顶 (θ=90°)		管中下 (θ=225° 或 315°)		管底 (θ=270°)	
			环向	径向	环向	径向	环向	径向	环向	径向	环向	径向
混凝土管应力	0	内缘	−0.168	−0.041	−1.024	0.022	−1.697	−0.141	−1.277	0.058	−0.624	−0.049
		r=5.50m	−0.601	−0.097	−0.991	−0.025	−1.130	−0.165	−0.921	0.013	−0.510	−0.066
		r=6.00m	−0.939	−0.184	−0.972	−0.103	−0.723	−0.215	−0.665	−0.022	−0.412	−0.097
		外缘	−1.292	−0.035	−0.902	0.078	−0.330	−0.008	−0.293	0.259	−0.275	0.097
	0.840	内缘	−0.137	−0.218	−0.207	−0.224	−0.250	−0.225	−0.193	−0.221	−0.079	−0.222
		r=5.50m	−0.191	−0.224	−0.215	−0.228	−0.227	−0.228	−0.167	−0.223	−0.100	−0.213
		r=6.00m	−0.234	−0.231	−0.221	−0.232	−0.210	−0.232	−0.150	−0.220	−0.108	−0.213
		外缘	−0.230	−0.006	−0.173	0.014	−0.139	−0.004	−0.070	0.035	−0.056	0.012
	1.020	内缘	−0.022	−0.247	0	−0.276	−0.037	−0.248	−0.008	−0.275	0.005	−0.245
		r=5.50m	−0.054	−0.245	−0.031	−0.270	−0.058	−0.245	−0.028	−0.268	−0.032	−0.243
		r=6.00m	−0.074	−0.237	−0.055	−0.258	−0.071	−0.237	−0.044	−0.255	−0.055	−0.234
		外缘	−0.035	−0.001	−0.021	0.002	−0.023	−0.001	−0.004	0.006	−0.014	0

3. 钢筋用量对比

通过对方案一的普通钢衬钢筋混凝土管和预应力钢衬钢筋混凝土管的计算分析，可计算出方案一单位长度的环向用筋量为15216kg/m。而预应力钢衬钢筋混凝土管单位长度的环向用筋量为普通钢筋3178kg/m，预应力钢绞线1265kg/m。其预应力方案环向总用筋量为方案一的29.2%，并且预应力方案钢衬壁厚比方案一减小2mm。同时预应力方案也可以避免混凝土管开裂。由此可见采用预应力钢衬钢筋混凝土管具有很高的经济价值和实用价值。

5.3.4 下平段钢衬钢筋混凝土管分析

1. 计算模型

对于下平段钢衬钢筋混凝土管，钢衬壁厚采用28mm，材料为16MnR钢。外包混凝土厚为2.0m，强度等级为C25，其环向钢筋的配置同方案一。钢管和外包混凝土之间留有2.12mm的缝隙，用以模拟施工、温度变化和混凝土徐变的影响。此方案取9-9断面为分析断面，其内水压力为（1298－1213.4）×1.4＝118.44（m），因此设计内压可取 P＝1.19MPa。其计算模型模拟范围及单元划分如图 5.47 和图 5.48 所示。

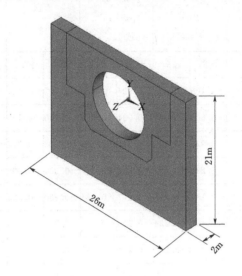

图 5.47　计算模型模拟范围图

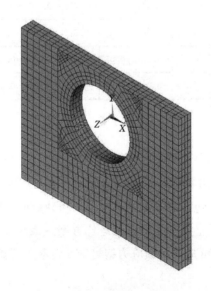

图 5.48　计算模型单元划分图

2. 计算结果分析

本计算方案考虑了 4 种荷载，其中 1.19MPa 为设计内压，此时混凝土管最大环向应力出现在 θ＝45°或 135°管壁的内表面上，值为 1.251MPa，混凝土管处于弹塑性状态，并未出现裂缝。2.52MPa 为钢衬钢筋混凝土管的极限内压，此时钢衬已经进入屈服状态，混凝土管的上半圆已基本开裂。那么相应的安全系数为 2.52/1.19＝2.12，满足设计要求。

下平段钢衬钢筋混凝土管结构的应力及裂缝分布情况如图 5.49～图 5.54 所示。

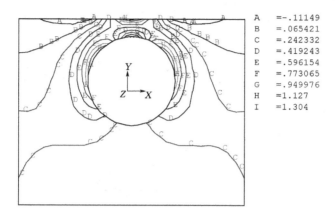

图 5.49　下平段混凝土管环向应力图 （1.19MPa）

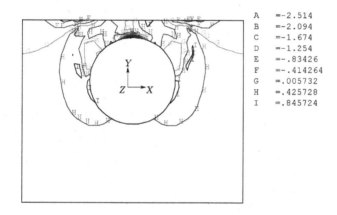

图 5.50　下平段混凝土管环向应力图 （1.60MPa）

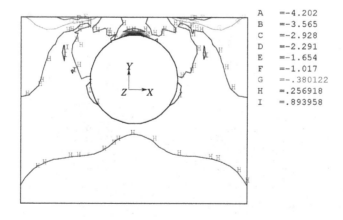

图 5.51　下平段混凝土管环向应力图 （2.00MPa）

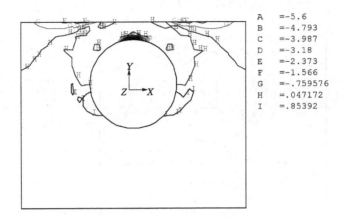

图 5.52 下平段混凝土管环向应力图（2.52MPa）

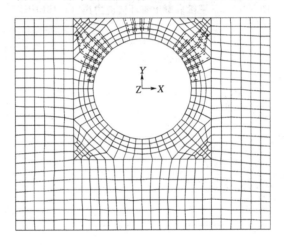

图 5.53 下平段混凝土管裂缝分布图（1.60MPa）

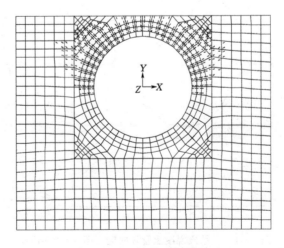

图 5.54 下平段混凝土管裂缝分布图（2.52MPa）

现在给出在几种典型内水压力下，下平段钢衬钢筋混凝土管结构的应力分布情况，其具体结果见表5.7。

表5.7 　　　　　　　　　　下平段钢衬钢筋混凝土管结构的应力　　　　　　　　单位：MPa

结构应力	内水压力	部位	管中 ($\theta=0°$ 或 180°)		管中上 ($\theta=45°$ 或 135°)		管顶 ($\theta=90°$)		管中下 ($\theta=225°$ 或 315°)		管底 ($\theta=270°$)	
			环向		环向		环向		环向		环向	
钢衬应力	1.190	$r=5.014$m	153.68		149.49		177.94		150.20		178.06	
	1.600		201.55		193.67		237.42		196.39		234.67	
	2.000		243.16		233.09		291.09		236.66		286.69	
	2.520		296.53		283.59		301.39		288.06		305.88	
			环向	径向	环向	径向	环向	径向	环向	径向	环向	径向
混凝土管应力	1.190	内缘	1.071	−0.158	1.251	−0.408	−0.141	−0.212	0.512	−0.336	0.174	−0.199
		$r=5.50$m	0.811	−0.085	0.989	−0.293	0.268	−0.111	0.481	−0.252	0.158	−0.158
		$r=6.00$m	0.639	−0.063	0.775	−0.269	0.540	−0.097	0.433	−0.246	0.151	−0.158
		$r=6.50$m	0.534	−0.028	0.610	−0.193	0.882	0.041	0.409	−0.128	0.149	−0.103
		$r=7.00$m	0.433	−0.024	0.416	−0.172	1.392	0.063	0.354	−0.121	0.133	−0.102
	1.600	内缘	0.893	−0.295	0.004	−1.668	−2.666	−0.385	0.629	−0.473	0.270	−0.287
		$r=5.50$m	0.821	−0.268	0.002	−1.426	0.611	−0.167	0.577	−0.417	0.219	−0.268
		$r=6.00$m	0.797	−0.213	0.005	−1.124	−0.019	−0.105	0.533	−0.323	0.207	−0.226
		$r=6.50$m	0.675	−0.154	0.002	−0.875	−0.008	−0.011	0.487	−0.244	0.190	−0.194
		$r=7.00$m	0.618	−0.106	0.533	−0.698	−0.005	0.030	0.435	−0.176	0.176	−0.147
	2.000	内缘	0.624	−0.439	0.003	−2.138	−4.453	−0.683	0.735	−0.628	0.374	−0.391
		$r=5.50$m	0.375	−0.391	0.002	−1.857	0.592	−0.343	0.678	−0.561	0.290	−0.367
		$r=6.00$m	0.767	−0.221	0.015	−1.496	−0.026	−0.177	0.626	−0.446	0.265	−0.315
		$r=6.50$m	0.687	−0.098	0.026	−1.288	−0.008	0.013	0.573	−0.348	0.238	−0.279
		$r=7.00$m	0.791	−0.091	0.043	−1.178	−0.002	0.065	0.512	−0.265	0.215	−0.225
	2.520	内缘	−0.031	−0.623	0.003	−2.802	−5.898	−0.859	0.861	−0.834	0.503	−0.530
		$r=5.50$m	−0.035	−0.550	0.060	−2.425	0.250	−0.437	0.800	−0.753	0.377	−0.501
		$r=6.00$m	−0.053	−0.448	0.083	−1.964	−0.038	−0.293	0.745	−0.611	0.337	−0.436
		$r=6.50$m	0.464	−0.318	0.026	−1.653	−0.023	−0.073	0.685	−0.487	0.297	−0.393
		$r=7.00$m	0.779	−0.167	−0.002	−1.366	−0.006	0.010	0.615	−0.383	0.265	0.329

下平段钢衬钢筋混凝土管钢衬的承载比例系数见表5.8。

表 5.8		下平段钢衬承载比例系数		
内水压力/MPa	1.19	1.60	2.00	2.52
承载比例系数	0.71	0.70	0.69	0.67

5.4　小结

根据对龙开口水电站钢衬钢筋混凝土坝后背管 4 个计算方案的分析比较，可以得出以下结论：

（1）当内水压力较小时，荷载全部由钢衬承担，而当荷载增加到一定值时，钢衬完成自由变形与混凝土完全接触而共同承受荷载。因此钢衬钢筋混凝土压力钢管工作可分为两大阶段：第一阶段钢衬单独承受荷载；第二阶段钢衬与混凝土完全接触，钢衬钢筋混凝土联合承载。在第二阶段的联合承载时，混凝土又可分为弹性、塑性、开裂三个过程。

（2）在第一阶段钢衬单独承载时，随着内水压力的增加，钢衬的环向应力逐渐增大，并且其数值与锅炉公式的计算结果相一致。

（3）随着内水压力的增加，钢衬及钢筋混凝土管的环向和径向应力都明显增加，钢筋混凝土管的承载比例也逐渐增大，但增幅较小；钢衬的承载比例系数缓慢减小，但当钢筋混凝土管接近破坏时，钢衬的承载比例系数趋于平缓。

（4）增大外包混凝土的厚度，对提高管道的联合承载能力并没有明显增加。如方案一（钢衬厚度 26mm，外包混凝土厚度 1.5m）比方案二（钢衬厚度 24mm，外包混凝土厚度 2.0m）厚 2mm，而方案二外包混凝土比方案一厚 0.5m，当两个方案的极限承载能力相差不多，分别为 1.96MPa 和 1.89MPa。

（5）对于外包混凝土厚度为 1.0m 的计算方案，根据外包混凝土厚度为 1.5m 方案的计算结果，可知只有钢衬厚度达到 26mm 时才能满足设计要求，即钢衬钢筋混凝土管达到 2.0 以上的安全系数。如果采用外包混凝土厚度为 1.0m 方案，那么可以判断钢衬厚度至少需要 28mm 以上才能满足设计要求。另外，如果外包混凝土厚度较薄，那么混凝土的配筋率就要上升，当钢筋布置较密时，也会给施工带来不便。还有从大量的工程实际资料来看，对于内径为 10m 左右的大型压力管道其外包混凝土厚度都在 2.0m 左右，如文献 [6] 中的下游坝面管内径 8.0m，设计内压 1.35MPa，钢衬厚度为 22mm，其外包混凝土厚度取 1.5m；文献 [7] 中的坝后钢衬钢筋混凝土压力管道内径 5.20m，设计内压 1.65MPa，钢衬厚度为 16mm，其外包混凝土厚度取 2.0m；文献 [8] 中的下游坝面浅槽式钢衬钢筋混凝土压力管道内径 10.8m，设计内压 0.897MPa，钢衬厚度为 20mm，其外包混凝土厚度取 2.0m；长江三峡采用浅槽式钢衬钢筋混凝土压力管道[9]，内径 12.3m，设计内压 1.32MPa，钢衬厚度为 32mm，其外包混凝土厚度取 2.0m。因此，本书只对外包混凝土厚度为 1.5m、2.0m 的方案计算成果的整理，放弃对外包混凝土厚度为 1.0m 方案计算成果的整理。

（6）对于预应力钢衬钢筋混凝土结构方案，当采用 3 束ϕ^s15@333 的预应力钢绞线时，按照抗裂设计原则，其承载能力可达到 1.02MPa，满足设计要求。并且采用预应力钢衬钢筋混凝土结构方案钢衬壁厚可减小 2mm，其受力钢筋可节省 70％左右，同时还可以避免裂缝的出现。可见，预应力钢衬钢筋混凝土结构方案可作为结构设计方案。

（7）对于下平段采用垫层钢管，当钢衬厚度为 28mm 时，其极限承载能力可达到 2.52MPa，满足要求。但钢筋混凝土管的上半圆应力分布比较复杂，钢筋混凝土管的裂缝也首先在上半圆出现。

（8）当内水压力增大时，钢筋混凝土管的应力值逐渐增大，但是环向应力值明显大于径向应力值。因此，无论方案一还是方案二其钢筋混凝土管的破坏都是沿管环向的受拉破坏。

通过以上的分析研究，并结合相关的工程项目，提出以下建议：

对于本工程项目，其坝后背管斜直段建议采用方案一，即钢衬壁厚采用 26mm，外包混凝土厚度 1.5m；背管水平段建议钢衬壁厚采用 28mm，外包混凝土厚度 2.0m。这样安全系数可以得到保证，满足工程需要。同时推荐预应力钢衬钢筋混凝土结构方案。

第6章　采用垫层钢管代替伸缩节研究

6.1　垫层钢管代替伸缩节研究概述

由于厂坝间设置伸缩节，增加工程投资、加大施工难度、提高了工程后期维修费用，有时还会给压力钢管运行造成事故隐患，本章针对垫层钢管结构形式代替伸缩节的设想开展了研究。厂坝间设置垫层钢管，可以利用垫层的径向压缩变形改善厂坝间钢管径向错动，同时还可以利用垫层对钢管沿轴向不受约束，使钢管变形改善厂坝间钢管轴向伸缩变形。由于垫层具有容易变形特点，因而垫层钢管就具有向各个方向发生位移的伸缩节的功能，也可以说垫层钢管就是伸缩节，而且是一个具有多向变形功能的伸缩节，它的功能比目前经常使用的单向伸缩节的功能强得多，并具有减少工程投资、降低施工难度、避免了工程后期维修费用，不会给压力钢管运行造成事故隐患，以及结构简单、受力明确、结构整体性好等特点。

目前，采用垫层钢管来替代伸缩节，成为水电站坝后背管结构取消伸缩节研究的热点问题。能否取消伸缩节，大家所关心的问题是：①垫层钢管能否适应跨越厂坝分缝处的不均匀变位和温度变化；②采用垫层钢管能否使分缝两侧结构的相对位移满足要求；③能否使过缝管道附近的钢管应力满足结构强度要求；④将如何进行垫层钢管的设计。在我们的研究中，将对采用垫层钢管结构的应力及变位进行分析，使过缝管道附近的钢管应力能够满足《水电站压力钢管设计规范》（SL 281—2003）中的有关结构强度条件要求，达到垫层钢管取代伸缩节的目的。

6.1.1　取消伸缩节的研究现状

传统的取消伸缩节研究，主要考察厂坝分缝处温度变化及厂坝间不均匀位移等因素影响，研究厂坝间相对位移和钢管的受力。在取消伸缩节的设计中，只考虑结构设计的强度准则。在采用垫层钢管取代伸缩的研究中，进行垫层钢管结构的应力及变位的分析，要求垫层钢管结构的应力能够满足《水电站压力钢管设计规范》中的有关结构强度条件。而且这种研究成为近年来研究发展的趋势，并在工程中取得了大量的研究成果，获得了许多成功的工程先例。如国内的三峡电站、李家峡电站、岩滩电站、水口电站、安康电站、石泉电站和盐锅峡电站等；国外有俄罗斯的萨扬-舒申斯克电站、委内瑞拉的古里电站以及法国的坚尼西亚电站等。这些水电站运行多年，到目前为止，尚无因取消伸缩节而引起事故的报道。取消厂坝间伸缩节的工程实践证明，只要采取适宜的工程结构措施，取消伸缩节在技术上是可行的。

在水电站建设中，伸缩节的主要功能是补偿结构的位移并缓解结构受力，保证压力钢管结构运行安全。从这个意义上讲，伸缩节能够在位移得到的补偿的方向上使结构的受力得到了松弛或缓解，有时使结构在这些方向上刚度降低而不能受力。很显然，伸缩节只是在结构上得到位移补偿的一种位移的构件，它的这些功能在水电站压力钢管建设历史中起到了重要的作用，而目前采用垫层钢管结构代替伸缩节的研究，将是水电站压力钢管建设历史中新的一页。与传统的伸缩节相比，垫层钢管在整个结构中是完整的，它不用进行特别的后期维修，也不会给压力钢管运行造成事故隐患。而伸缩节受力条件差、刚度又弱，而且后期维修费用高，易出现事故隐患。

垫层钢管与一般的结构设计一样，它不仅要求垫层钢管结构满足结构的强度条件，同时要求它满足结构的刚度及稳定性条件，因而在垫层钢管结构设计中，是采用结构设计的强度准则，还是采用结构设计的刚度准则，或者是采用结构设计的稳定性准则都是必须认真对待的。在过去的设计研究中，只考虑结构设计的强度准则诸多，而在鸭池河水电站引水工程中的坝后背管取消伸缩节问题的设计研究中，考虑东风拱坝背后的钢管结构在下弯段处与背管接触的压应力过大，采用垫层钢管结构设计，成功地解决了压力钢管接触的局部压力过大而发生局部失稳的问题，即在垫层钢管结构设计中采用了稳定性准则。在研究中，认为在下弯段设置软垫层，可以补偿斜直段背管结构的轴向位移并缓解管壳局部压力，在鸭池河水电站坝后背管取消伸缩节的研究中，开创了采用结构稳定性设计准则设计垫层钢管结构的先例。在鸭池河水电站引水工程中的坝后背管设计中，背管下弯段四周$360°$范围内，设置厚度为 6cm 的软垫层，采取这种加软垫层的措施，使结构的相对变位得到了补偿，改善了钢管各断面上的环向应力及轴向应力的分布，避免了下弯段管壳局部失稳问题。在我们关于龙开口水电站引水压力钢管的研究中，将会考虑厂坝间的连接应力及相对变形，考虑到垫层钢管结构的强度、刚度及稳定性条件，确定钢管的垫层长度，使厂坝间的位移得到补偿，实现垫层钢管结构代替伸缩节，从而达到取消伸缩节的目的。

由于大坝、厂房及钢管结构的变形，对钢管结构受力产生不利影响，拟采用垫层钢管结构代替伸缩节，使钢管结构的位移得到补偿，改善结构的受力条件，这正是采用垫层钢管结构代替伸缩节的研究目的。在垫层钢管结构中能够使钢管得到位移补偿的因素从两个方面考虑：①利用钢管结构本身的变形特点，使钢管结构的变形适应母体结构变形；②利用垫层材料的容易变形的特点，使钢管结构得到位移补偿。在采用垫层钢管结构研究中，无论是采用钢管结构的变形还是利用垫层材料的变形来适应母体结构变形影响，都能够缓解母体结构对钢管结构作用，使垫层钢管满足结构的强度条件、或者刚度条件、或者稳定性条件，从而达到实现取消伸缩节的目的。

6.1.2　取消伸缩节研究思路

龙开口水电站坝后背管取消伸缩节的研究，要考虑大坝对坝后背管的影响。视背管为大坝及厂房结构的子体，而把大坝及厂房结构视为背管的母体，伸缩节的研究要考虑背管在大坝及厂房母体支撑下的伸缩问题。在研究中要考虑到背管的建造是在大坝及厂房的变形已经基本稳定后进行的，在此基础上背管结构变形在母体内是否适应，或者是否需要设置伸缩节对背管结构的变形进行补偿的问题。

上述讨论提出了两个研究问题：①是否需要设置伸缩节；②如果取消伸缩节，采用什么样的结构措施来代替伸缩节的作用，保证坝体及背管结构安全。第一个问题存在取消伸缩节的可能性。本书将针对第二个问题，即采用什么样的结构方案来取消伸缩节展开研究。

6.2　垫层钢管结构分析的计算模型

6.2.1　厂坝连接高程方案

本节计算模型基于 17 号坝段结构布置，采用垫层钢管的结构方案，开展取代伸缩节的可行性研究。对两种结构分缝方案进行了分析，给出了结构分缝处的相对位移，以及钢管的应力，通过分析论证确定最优方案。

大坝与厂房之间设永久结构缝的连接高程方案分为两种，其中方案一，厂坝连接高程在 1220.40m 以下（在垫层钢管以上有 2m 混凝土厚）；方案二，厂坝连接高程在 1206.40m 以下。

龙开口水电站引水钢管在下平段设置垫层钢管来代替伸缩节，垫层钢管的长度设置 11.0m，在坝体及厂房部分的长度均为 5.5m。钢管设置垫层的管段四周 360° 全包软垫层，软垫层的厚度为 5cm。

6.2.2　计算工况

在研究各种组合工况对垫层钢管结构的影响时，有必要考察单一因素对结构产生的影响，了解单一因素在组合因素影响中所占的份额。下面列出结构自重、设计洪水位、温升及温降等四种单一因素工况，以及运行工况、校核工况及考虑施工环节等因素的组合工况。其中：

（1）运行工况：结构自重＋永久设备重＋上游正常蓄水位和下游设计洪水位的静水压力＋水重＋浪压力＋扬压力＋泥沙压力＋温升。

（2）校核工况：结构自重＋永久设备重＋上游校核洪水位的静水压力（钢管内无水）＋水重＋浪压力＋扬压力＋泥沙压力＋温升。

6.2.3 计算内容

结构方案一，厂坝分缝处分缝连接高程在 1220.40m 以下，不设伸缩节，采用垫层钢管，垫层钢管长度 11.0m，钢材采用调质钢，钢管壁厚 28mm。

结构方案二，厂坝分缝处分缝连接高程在 1206.40m 以下，不设伸缩节，采用垫层钢管，垫层长 11.0m，钢材采用调质钢，钢管壁厚 28mm。

能否取消伸缩节，关键问题是采用的替代方案能否使分缝两侧结构的相对位移满足要求，同时使过缝管道附近的钢管应力满足结构强度要求。重力坝的常规荷载，如自重、静水压、水锤压力、淤沙压力、浪压力、扬压力、温变等荷载为重要的影响因素，对龙开口水电站垫层钢管结构的厂坝连接的型式，给出混凝土与坝后背管之间的接触应力及变位分析。其中设置软垫层钢管结构的计算模型已在第 2 章中的图 2.2 给出。

6.2.4 垫层钢管设计

在龙开口水电站引水压力钢管取消伸缩节的研究中，根据《水电站压力钢管设计规范》（DL/T 5141—2001）的规定，要求垫层钢管应满足结构的强度、刚度及稳定性条件，给出垫层钢管设计的原则：要求垫层钢管承担内水压力约为总内水压力的 70％时，垫层钢管应满足结构的强度条件。

引水钢管下平段钢管管壁厚度及层钢管段钢管壁厚度均取 28mm。垫层厚度为 50mm，弹性模量为 3.75MPa，垫层钢管长度取 11.0m，由此进行有限元分析。

6.3 垫层钢管结构分析

在垫层钢管结构的受力及变形分析中，考虑大坝与厂房之间设永久结构缝的两种连接高程方案，根据结构设计的强度设计准则，要求垫层钢管满足结构的强度条件，给出垫层钢管结构设计方案。

6.3.1　方案一的应力及变形分析

垫层钢管结构承受内水压力作用下，厂坝分缝面两侧的相对位移和垫层钢管结构的应力是研究的重点。现取图 6.1 所示的几个控制断面及断面上关键点的应力和位移进行分析，其中图 6.1 中的管上游端及管下游端分别是指垫层钢管的上游断面及垫层钢管的下游断面；缝上游侧及缝下游侧分别是指厂坝分缝面两侧上游侧面和下游侧面。而管上游端、管下游端及缝上游侧、缝下游侧作为垫层钢管的控制断面，控制断面的控制点位置设在断面的管侧 A 点（右）、管顶 B 点、管侧 C 点（左）、管底 D 点，把 A、B、C、D 各点作为垫层钢管控制断面上的控制点，并由此整理垫层钢管结构结构分析结果。

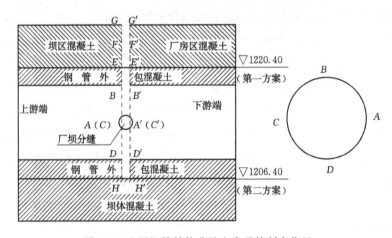

图 6.1　垫层钢管结构分缝方案及控制点位置

对于大坝与厂房之间设永久结构缝的连接高程方案一，分缝面两侧的上游侧面和下游侧面的各控制点 E、F、G 分别位于分缝处的最低点、中间点及最高点，而每一点又分上游点，如 E 上游点、F 上游点、G 上游点；及下游点，如 E' 下游点、F' 下游点、G' 下游点（图 6.1）。对于大坝与厂房之间设永久结构缝的连接高程方案二，分缝面两侧的上游侧面和下游侧面的各控制点 B、A（右）及 C（左）、D 分别位于分缝处的最低点、中间点、最高点，而每一点又分上游点，如 B 上游点、A（右）及 C（左）上游点、D 上游点；及下游点，如 B' 下游点、A'（右）及 C' 下游点、D' 下游点（图 6.1）。

1. 变形分析

垫层钢管结构的变形分析，考虑了 6 种工况的作用，对厂坝分缝区域垫层钢管及混凝土各控制断面上的各控制断面上的位移进行分析。

（1）垫层钢管各控制断面上的位移。在表 6.1 中列出了垫层钢管各控制断面上的轴向及竖向位移，表中各工况下的垫层钢管各控制断面上的绝对位移，其位移差表示垫层钢管各控制断面对应面上的相对变形。

表 6.1　　　　　　　　　　　　方案一垫层钢管的轴向及竖向位移　　　　　　　　　单位：mm

工况	断面	A		B		C		D	
		u_x	u_z	u_x	u_z	u_x	u_z	u_x	u_z
自重	缝上游侧	−1.02	−6.29	−1.22	−7.53	−1.02	−6.29	−0.84	−5.74
	缝下游侧	−1.02	−6.29	−1.22	−7.53	−1.02	−6.29	−0.84	−5.74
	相对位移	0.00	0.00	0.00	0.00	0.00	0.00	0.00	0.00
	上游端	−1.03	−6.34	−1.23	−7.97	−1.03	−6.34	−0.82	−6.08
	下游端	−1.02	−6.18	−1.23	−7.44	−1.02	−6.18	−0.82	−5.59
	相对位移	0.00	0.16	0.00	0.53	0.00	0.16	0.00	0.49
水压	缝上游侧	3.50	−41.30	3.60	−49.96	3.50	−41.31	2.88	−35.07
	缝下游侧	3.50	−41.32	3.60	−49.95	3.50	−41.33	2.88	−35.05
	相对位移	0.00	−0.02	0.00	0.00	0.00	−0.02	0.00	0.02
	上游端	3.53	−39.16	3.73	−52.35	3.53	−39.17	3.20	−36.75
	下游端	3.17	−42.61	3.26	−51.93	3.17	−42.62	2.93	−36.09
	相对位移	−0.36	−3.45	−0.46	0.43	−0.36	−3.45	−0.26	0.66
温升	缝上游侧	0.22	−2.67	0.26	−2.26	0.22	−2.67	0.15	−2.31
	缝下游侧	0.22	−2.67	0.26	−2.26	0.22	−2.67	0.15	−2.31
	相对位移	0.00	0.00	0.00	0.00	0.00	0.00	0.00	0.00
	上游端	0.16	−2.67	0.27	−2.24	0.16	−2.67	0.12	−2.53
	下游端	0.26	−2.71	0.27	−2.22	0.27	−2.71	0.17	−2.36
	相对位移	0.11	−0.05	0.00	0.02	0.11	−0.05	0.05	0.17
温降	缝上游侧	−0.68	3.04	0.00	2.58	0.68	3.04	0.00	2.63
	缝下游侧	−0.68	3.04	0.00	2.58	0.68	3.04	0.00	2.63
	相对位移	0.00	0.00	0.00	0.00	0.00	0.00	0.00	0.00
	上游端	−0.73	3.02	0.00	2.55	0.74	3.02	0.00	2.86
	下游端	−0.55	3.11	0.00	2.56	0.56	3.11	0.00	2.70
	相对位移	0.18	0.09	0.00	0.01	−0.18	0.09	0.00	−0.16
运行	缝上游侧	3.18	−46.08	3.23	−55.89	3.18	−46.08	2.59	−38.95
	缝下游侧	3.18	−46.09	3.24	−55.88	3.18	−46.10	2.59	−38.93
	相对位移	0.00	−0.02	0.00	0.00	0.00	−0.02	0.00	0.02
	上游端	3.09	−43.84	3.31	−58.46	3.09	−43.85	2.84	−41.00
	下游端	2.94	−47.44	2.95	−57.87	2.94	−47.45	2.73	−39.98
	相对位移	−0.15	−3.60	−0.36	0.59	−0.15	−3.60	−0.12	1.03

工况	断面	A		B		C		D	
		u_x	u_z	u_x	u_z	u_x	u_z	u_x	u_z
校核	缝上游侧	3.65	−12.76	3.75	−12.99	3.65	−12.76	3.43	−10.68
	缝下游侧	3.65	−12.76	3.75	−12.99	3.65	−12.76	3.43	−10.68
	相对位移	0.00	0.00	0.00	0.00	0.00	0.00	0.00	0.00
	上游端	3.71	−12.53	3.94	−13.44	3.71	−12.53	3.52	−11.26
	下游端	3.54	−12.95	3.58	−13.15	3.54	−12.95	3.33	−10.91
	相对位移	−0.17	−0.42	−0.36	0.29	−0.17	−0.42	−0.19	0.35

由表 6.1 给出的垫层钢管各控制断面上的相对位移看出，各种工况下分缝处钢管相距 5cm 的上游侧及下游侧的轴向、竖向位移值没有变化，即相对位移值为 0（实际计算位移值是在 μm 的量级上）。由垫层钢管相距 11m 的上游端及下游端的轴向、竖向相对位移值看来，一般轴向相对位移值较小，竖向相对位移值较大。从荷载因素对位移值的影响来看，自重、温升及温降工况下轴向、竖向相对位移值较小，水压、运行及校核工况下轴向、竖向相对位移值较大。从轴向、竖向两种位移值比较来看，轴向位移值较小，其中最大的轴向相对位移值为 0.46mm（垫层钢管的上游端及下游端相对靠近），该值是发生在水压工况下的 B 点（管顶）上。而竖向相对位移值较大，其中竖向相对位移最大值为 3.60mm（垫层钢管的上游端相对上升、下游端相对下降），该值是发生在运行工况下的 A、C 点（管中）。垫层钢管各控制断面上的相对位移，从 B 点（管顶）到 D 点（管底）是按照逐渐减小的规律变化的，即 B 点为最大，A、C 点为中间值，D 点为最小，其位移值大都为负值，表明垫层钢管有缩短变形。

总之，对于结构方案一，在引起垫层钢管位移的各荷载中，水压是主要影响因素，其次是温变荷载，再次是自重。在水压工况下管顶处轴向相对位移的最大值为 0.46mm（缩短）。运行工况下在管中 A（C）点处竖向相对位移的最大值为 3.60mm（下游端相对下降）。垫层钢管的相对位移的变化规律，是从管顶到管底按照由大变小的有缩短变形。由于变形很小，不会使垫层钢管结构的受力及变形造成不良影响。

（2）厂坝分缝区域混凝土各控制断面上的位移。方案一中的厂坝连接高程为 1220.40m 处的 E 点及以上的 F 点、G 点为分缝区域混凝土的各控制点，并把各控制点上的位移列在表 6.2。表中各工况下的各控制点上相对应的绝对位移的差，为各控制点相对位移。

由表 6.2 给出的大坝混凝土各控制断面上的相对位移看出，各种工况下分缝处 E 点混凝土相距 5cm 的上游侧及下游侧的轴向、竖向位移值没有变化，即相对位移值为 0。从轴向、竖向两种位移值比较来看，轴向位移值较小，其中最大的轴向相对位移值为 0.60mm（混凝土的分缝处上游侧及下游侧相对靠近），该值是发生在水压工况下的 G 点（缝顶）上。竖向相对位移值较大，其中竖向相对位移最大值为 3.10mm（混凝土的分缝处上游侧相对上升、下游侧相对下降），该值是发生在校核工况下的 G 点（缝顶）上。在各种工况作用下，混凝土分缝处轴向相对位移都比较小，竖向相对位移比较大。其中，升温竖向相对位移在分缝的底部 E 点为 0，分缝的顶点位移最大；降温工况下，分缝处相对分离，升温、运行及校核工况分缝处相对靠近。

表 6.2　　　　　　　　　方案一混凝土分缝处各控制点上的位移　　　　　　　单位：mm

工况	断面	E		F		G	
		u_x	u_z	u_x	u_z	u_x	u_z
自重	缝上游侧	−1.32	−3.92	−1.42	−3.92	−1.51	−3.92
	缝下游侧	−1.32	−3.92	−1.39	−3.92	−1.47	−3.92
	相对位移	0.00	0.00	0.03	0.00	0.04	0.00
水压	缝上游侧	3.42	−2.39	3.60	−2.39	3.65	−2.38
	缝下游侧	3.42	−2.39	3.17	−2.37	3.04	−2.36
	相对位移	0.00	0.00	−0.43	0.01	−0.60	0.02
温升	缝上游侧	−0.47	0.23	−0.60	0.67	−0.45	1.31
	缝下游侧	−0.47	0.23	−0.60	−0.20	−0.45	−0.84
	相对位移	0.00	0.00	0.00	−0.87	0.00	−2.15
温降	缝上游侧	0.65	−0.38	0.83	−0.97	0.62	−1.85
	缝下游侧	0.65	−0.38	0.82	0.20	0.61	1.06
	相对位移	0.00	0.00	−0.01	1.17	−0.01	2.90
运行	缝上游侧	−3.94	3.04	−4.11	3.67	−3.94	4.46
	缝下游侧	−3.94	3.04	−4.09	2.29	−3.92	1.39
	相对位移	0.00	0.00	0.02	−1.39	0.02	−3.06
校核	缝上游侧	−4.07	3.70	−4.24	4.37	−4.06	5.18
	缝下游侧	−4.07	3.70	−4.22	2.96	−4.04	2.08
	相对位移	0.00	0.00	0.02	−1.41	0.02	−3.10

总之，对于结构方案一，在引起混凝土的分缝处相对位移的各荷载中，水压是主要影响因素，其次是温变荷载。在水压下管顶轴向相对位移的最大值为 0.60mm（缩短）。在运行工况下管中 A（C）点的竖向相对位移值的最大值为 3.10mm（下游侧相对下降），这些混凝土位移值变化规律与垫层钢管位移值变化规律是一致的。由此看出，混凝土的分缝处轴向、竖向相对位移值较小，不会对垫层钢管的受力及变形造成影响。

2. 应力分析

垫层钢管在结构分缝方案一情况下的受力分析，给出了各种工况下垫层钢管结构的环向应力云图、轴向应力云图及 Mises 等效应力云图，如图 6.2～图 6.7 所示，并把各控制点上的环向应力及轴向应力列在表 6.3 中。

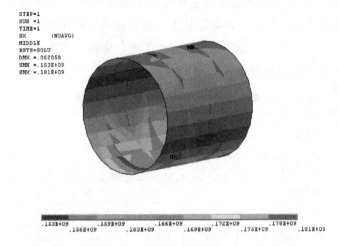

图 6.2　方案一运行工况钢管环向应力云图（单位：Pa）

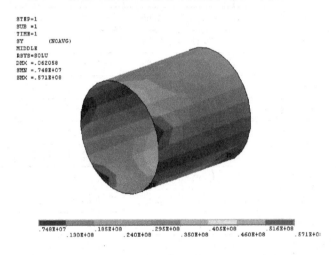

图 6.3　方案一运行工况钢管轴向应力云图（单位：Pa）

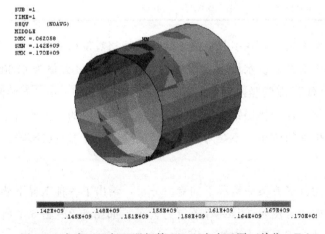

图 6.4　方案一运行工况钢管 Mises 应力云图（单位：Pa）

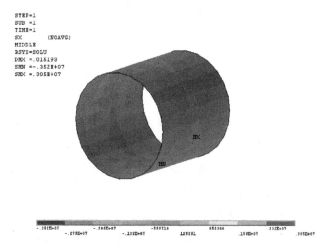

图 6.5　方案一校核工况钢管环向应力云图（单位：Pa）

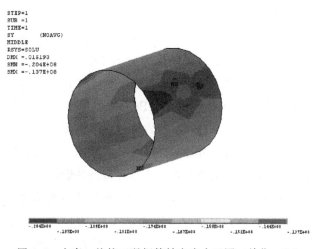

图 6.6　方案一校核工况钢管轴向应力云图（单位：Pa）

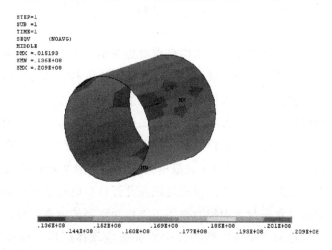

图 6.7　方案一校核工况钢管 Mises 应力云图（单位：Pa）

在运行工况下图 6.2～图 6.4 给出了垫层钢管结构的环向、轴向及 Mises 等效应力云图。由图 6.2 给出的环向应力云图看出，最大环向应力值为 $\sigma_{\theta max}=181.0$MPa，该值发生在垫层钢管的下表面，最小环向应力值为 $\sigma_{\theta min}=153.0$MPa，该值发生在垫层钢管的上表面。由图 6.3 给出的轴向应力云图看出，最大轴向应力值为 $\sigma_{zmax}=57.1$MPa，该值发生在垫层钢管的下游端，最小轴向应力值为 $\sigma_{zmin}=7.48$MPa，该值发生在垫层钢管的上游端。由图 6.4 给出的 Mises 等效应力云图看出，最大 Mises 等效应力值为 $\sigma_{mmax}=170.0$MPa，该值发生在垫层钢管的分缝上游 5m 处的下表面，最小 Mises 等效应力值为 $\sigma_{mmin}=142.0$MPa，该值发生在垫层钢管的分缝上游 2.5m 处的上表面。由最大环向、轴向及 Mises 等效应力值看出，它们都没有超过在第 2 章的表 2.1 中列出调质钢钢材抗力限值 $\sigma_R=286.7$MPa。这表明垫层钢管代替伸缩节的方案是可行的。

在校核工况下图 6.5～图 6.7 给出了垫层钢管结构的环向、轴向及 Mises 等效应力云图。由图 6.5 给出的环向应力云图看出，最大环向应力值为 $\sigma_{\theta max}=3.05$MPa，该值发生在垫层钢管的分缝上游的左侧表面，最小环向应力值为 $\sigma_{\theta min}=-3.52$MPa，该值发生在垫层钢管的分缝上游 4.0m 处的下表面。由图 6.6 给出的轴向应力云图看出，最大轴向应力值为 $\sigma_{zmax}=20.4$MPa（受压），该值发生在垫层钢管的上游端，最小轴向应力值为 $\sigma_{zmin}=13.7$MPa（受压），该值发生在垫层钢管的分缝处。由图 6.7 给出的 Mises 等效应力云图看出，最大 Mises 等效应力值为 $\sigma_{mmax}=20.9$MPa，该值发生在垫层钢管的分缝处的上表面；最小 Mises 等效应力值为 $\sigma_{mmin}=13.6$MPa，该值发生在垫层钢管的上游端下表面。由此应力值看出，校核工况下它们的应力值都比较低。在采用垫层钢管代替伸缩节的可行性研究中，不用考虑校核工况对垫层钢管代替伸缩节可行性的影响。

总之，在引起垫层钢管结构应力的各种荷载中，水压是主要影响因素，其次是温变荷载，再次是自重。水压工况下最大轴向应力值为 $\sigma_{zmax}=20.4$MPa（受压）。运行工况下最大 Mises 等效应力值为 $\sigma_{\theta max}=181.0$MPa，该值没有超过调质钢钢材的抗力限值 $\sigma_R=286.7$MPa，满足结构要求。在结构分缝方案一的情况下，采用垫层钢管代替伸缩节的方案是可行的。

从表 6.3 中的应力变化规律来看，结构自重对垫层钢管结构应力影响的份额最低，水压力对垫层钢管结构应力影响的份额最高，运行工况下垫层钢管结构环向应力主要由水压力产生的。在校核洪水位及温升情况使垫层钢管产生轴向压应力，其值在 12.0～17.0MPa 的范围内变化，其中校核洪水位对大坝压力使垫层钢管受压，温升使垫层钢管在受到厂坝混凝土的约束作用而受压，这在垫层钢管受力方面不占有很高的份额。在温降因素影响下垫层钢管受拉，其值在 11.0～13.0MPa 的范围内变化，其对垫层钢管受力方面的影响与温升相当，不会占有很高的影响份额。也就是说在龙开口水电站采用垫层钢管代替伸缩节的研究中，温升、温降及水压对大坝推力作用不能作为重要的因素考虑，应该相信垫层钢管的弹性变形能力，它作为"子体"结构完全能够适应坝体厂房"母体"结构变形的能力。这也就是采用垫层钢管代替伸缩节的可行性研究的一种思路。

表6.3　方案一垫层钢管的环向及轴向应力

单位：MPa

工况	断面	A（管右）			B（管顶）			C（管左）			D（管底）		
		σ_θ	σ_z	σ_m	σ_θ	σ_z	σ_m	σ_θ	σ_z	σ_m	σ_θ	σ_z	σ_m
自重	上游端	-0.01	0.51	4.16	-0.38	0.13	0.46	-0.01	0.50	4.16	0.43	-0.14	0.51
	缝上游侧	-0.42	0.02	2.62	0.19	0.65	0.54	-0.42	0.02	2.62	0.11	-0.21	0.28
	缝下游侧	-0.40	0.02	2.54	0.17	0.58	0.48	-0.40	0.01	2.54	0.06	-0.16	0.19
	下游端	0.00	-0.23	1.31	-0.42	-0.21	0.36	0.00	-0.23	1.31	0.42	0.62	0.55
水压	上游端	167.46	50.88	155.29	157.97	41.88	141.71	167.47	50.86	155.30	177.83	41.81	161.02
	缝上游侧	160.53	42.75	146.79	165.43	47.85	146.89	160.56	42.77	146.82	172.93	42.48	156.38
	缝下游侧	160.89	42.76	146.99	165.40	46.98	147.03	160.91	42.75	147.01	172.14	43.21	155.43
	下游端	167.56	38.13	152.73	157.76	34.70	143.55	167.56	38.15	152.72	177.30	55.60	157.03
温升	上游端	0.03	-12.11	12.19	0.02	-15.07	15.08	0.03	-12.11	12.18	0.06	-12.25	12.28
	缝上游侧	-0.35	-12.02	11.87	0.38	-13.39	13.59	-0.36	-12.02	11.87	-0.37	-13.47	13.26
	缝下游侧	-0.35	-12.02	11.88	0.32	-13.42	13.60	-0.35	-12.02	11.88	-0.38	-13.43	13.22
	下游端	0.00	-12.65	12.66	-0.04	-14.46	14.45	0.00	-12.65	12.66	0.03	-13.02	13.04
温降	上游端	-0.03	11.72	11.80	-0.01	15.30	15.31	-0.03	11.72	11.80	-0.06	12.09	12.12
	缝上游侧	0.36	11.46	11.32	-0.36	13.31	13.51	0.36	11.46	11.32	0.38	13.33	13.12
	缝下游侧	0.35	11.46	11.32	-0.31	13.34	13.51	0.35	11.46	11.32	0.38	13.28	13.07
	下游端	0.00	12.24	12.25	0.04	14.64	14.63	0.00	12.24	12.25	-0.03	12.88	12.89
运行	上游端	167.47	42.48	158.33	157.60	30.16	144.85	167.48	42.47	158.34	178.32	32.07	164.61
	缝上游侧	159.80	33.99	149.00	165.77	37.77	149.91	159.83	34.03	149.03	172.84	31.95	159.60
	缝下游侧	160.19	34.00	149.20	165.70	36.83	150.10	160.21	34.01	149.22	171.97	32.75	158.49
	下游端	167.56	28.46	155.99	157.34	22.53	147.33	167.56	28.49	155.98	177.73	46.18	159.70
校核	上游端	0.04	-15.64	15.68	-0.37	-21.83	21.64	0.04	-15.63	15.67	0.55	-14.79	15.07
	缝上游侧	-1.11	-15.80	15.27	1.10	-17.75	18.39	-1.11	-15.78	15.25	-0.79	-17.85	17.40
	缝下游侧	-1.05	-15.80	15.30	0.98	-17.91	18.48	-1.05	-15.79	15.29	-0.88	-17.70	17.21
	下游端	0.00	-16.82	16.82	-0.51	-20.19	19.94	0.00	-16.81	16.81	0.48	-15.78	16.03

6.3.2　方案二的应力及变形分析

采用结构方案二，厂坝连接高程在 1206.40m 以下。结构方案二要求在厂坝分缝处上游坝体和下游厂房基本建成，其结构自重产生的变形基本完成。钢管在分缝处连续通过，外包软垫层厚度为 50mm、长度为 11.0m，以适应分缝两侧结构的轴向及径向位移。

1. 变形分析

在变形分析中，考虑了运行工况及校核工况作用下，给出了分缝区域垫层钢管及混凝土的各控制点上的相对位移。

（1）垫层钢管各控制断面上的位移。垫层钢管结构的变形分析，在运行及校核两种工况作用下，给出了垫层钢管各控制点上的位移，见表 6.4。表中各工况下的垫层钢管各控制点上的绝对位移之差，就是垫层钢管各控制点上的相对位移。

表 6.4　　　　　　　　　**方案二垫层钢管各控制断面上的位移**　　　　　　　单位：mm

工况	断面	A		B		C		D	
		u_x	u_z	u_x	u_z	u_x	u_z	u_x	u_z
运行	缝上游侧	2.84	−47.67	2.92	−56.48	2.84	−47.68	2.28	−40.78
	缝下游侧	2.83	−47.69	2.90	−56.48	2.83	−47.70	2.27	−40.76
	相对位移	−0.01	−0.02	−0.01	0.00	−0.01	−0.02	0.00	0.02
	上游端	3.66	−45.14	4.35	−59.03	3.66	−45.15	2.83	−42.62
	下游端	1.70	−48.73	1.26	−58.46	1.70	−48.74	2.11	−41.47
	相对位移	−1.96	−3.58	−3.09	0.57	−1.96	−3.59	−0.72	1.16
校核	缝上游侧	3.29	−14.38	3.41	−13.58	3.29	−14.38	3.11	−12.59
	缝下游侧	3.28	−14.38	3.39	−13.58	3.28	−14.38	3.10	−12.58
	相对位移	−0.01	0.00	−0.01	0.00	−0.01	0.00	0.00	0.01
	上游端	4.31	−13.85	5.02	−14.02	4.31	−13.85	3.52	−12.94
	下游端	2.23	−14.24	1.80	−13.72	2.24	−14.24	2.69	−12.46
	相对位移	−2.08	−0.39	−3.22	0.30	−2.08	−0.39	−0.83	0.48

由表 6.4 给出的垫层钢管各控制断面上的相对位移看出，结构方案二在各种工况下分缝处垫层钢管，在相距 5cm 的上游侧及下游侧上的轴向、竖向相对位移值较小，其相对位移量值在 0.01～0.02m 的量级上。由垫层钢管相距 11m 的上游端及下游端上的轴向、竖向相对位移值看来，垫层钢管各控制点上的轴向相对位移从 B 点（管顶）到 D 点（管底）是按照逐渐减小的规律变化的，即 B 点为最大、A、C 点为中间值、D 点为最小，并且都是负值，这种负值表明垫层钢管的上游端与下游端之间的距离在缩短，而 B 点（管顶）挤压位移值最大。在运行工况下垫层钢管各控制点上的竖向相对位移，B 点（管顶）与 D 点

（管底）的位移值较小，A、C 点的相对位移最大，并且 A、C 点的相对位移值为负值，该位移值表明垫层钢管的上游端相对上升、下游端相对下降，其竖向相对位移最大值为 3.59mm（为负值），该值是发生在运行工况下的 A、C 点（管中）上。

总之，在运行工况下垫层钢管的上游端及下游端上的轴向相对位移值是从管顶到管底按照逐渐减小的规律变化的，并且垫层钢管的上游端向下游端挤压，而 B 点（管顶）位移值最大。垫层钢管各控制点上的竖向相对位移，B 点（管顶）与 D 点（管底）的位移值较小，A、C 点的相对位移最大，并且垫层钢管分缝面的上游侧上升、下游侧相对下降。由于垫层钢管的变形很小，它对结构的受力不会有影响。

（2）厂坝分缝区混凝土各控制断面上的位移。在方案二中的厂坝连接高程在 1206.40m 处分缝区域混凝土上的各控制点（图 6.1），现把各控制点上的相对位移值列在表 6.5 中。表中各工况下的各控制点上相对应的绝对位移的差，为各控制点相对位移。

表 6.5　　　　　　　方案二厂坝区域混凝土分缝处各控制点上的位移　　　　　单位：mm

工况	断面	A		B		C		D	
		u_x	u_z	u_x	u_z	u_x	u_z	u_x	u_z
运行	缝上游侧	3.76	−4.54	4.34	−5.41	3.76	−4.54	2.72	−3.20
	缝下游侧	1.57	−3.71	1.21	−4.53	1.57	−3.71	2.18	−3.17
	相对位移	−2.19	0.83	−3.13	0.88	−2.19	0.83	−0.54	0.03
校核	缝上游侧	4.43	−4.67	5.03	−5.53	4.43	−4.67	3.33	−3.38
	缝下游侧	2.11	−3.91	1.76	−4.73	2.11	−3.91	2.73	−3.34
	相对位移	−2.31	0.76	−3.27	0.80	−2.31	0.76	−0.60	0.04

由表 6.5 给出的结构方案二厂坝分缝区域混凝土各控制点上的相对位移看出，运行工况作用下各点轴向相对位移值分别为 −3.13mm（B 管顶）、−2.19mm（A、C 管中）、−0.54mm（D 管底），各点 B、A（C）、D 的位移值是按逐渐减小的规律变化，并且都是负值，这表明结构方案二厂坝分缝两侧面是相互靠近，由于结构方案二分缝连接高程的底部约束作用，使 D 点的轴向相对位移最小，B 点的轴向相对位移最大。各点竖向相对位移值分别为 0.88mm（B 管顶）、0.83mm（A、C 管中）、0.03mm（D 管底），各点 B、A（C）、D 的位移值是按逐渐减小的规律变化，并且都是正值，这表明结构方案二厂坝分缝两侧面是上游侧相对下降而下游侧相对上升，由于结构方案二分缝连接高程的底部约束作用，使 D 点的竖向相对位移最小，B 点的竖向相对位移最大。对于校核工况作用下各点轴向及竖向相对位移值与运行工况作用下的相对位移值的变化规律是完全一致的。

总之，结构方案二在各种工况作用下各点轴向相对位移值从 B（管顶）到 D（管底）的相对位移值是按逐渐减小的规律变化，并且厂坝分缝两侧面是相互靠近的，由于分缝连接高程的底部约束作用，使 D 点的轴向相对位移最小，B 点的轴向相对位移最大。各点竖向相对位移值从 B（管顶）到 D（管底）是按逐渐减小的规律变化，并且厂坝分缝两侧面是上游侧相对下降而下游侧相对上升，由于分缝连接高程的底部约束作用，使 D 点的竖向相对位移最小，B 点的竖向相对位移最大。由于结构方案二厂坝分缝区域混凝土的变形很小，它对垫层钢管的受力不会有影响。

2. 应力分析

垫层钢管在结构分缝方案二情况下的受力分析，给出了各种工况下垫层钢管结构的环向应力云图、轴向应力云图及 Mises 等效应力云图，如图 6.8～图 6.13 所示，并把各控制点上的环向应力及轴向应力列在表 6.6 中。

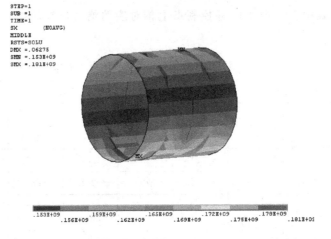

图 6.8 方案二运行工况钢管环向应力云图（单位：Pa）

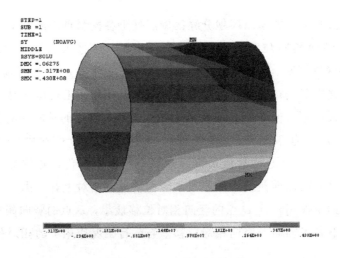

图 6.9 方案二运行工况钢管轴向应力云图（单位：Pa）

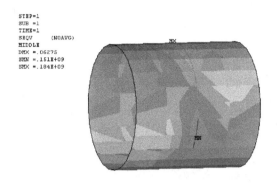

图 6.10 方案二运行工况钢管 Mises 应力云图（单位：Pa）

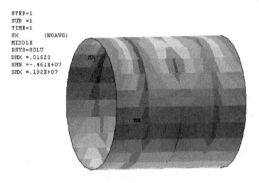

图 6.11 方案二校核工况钢管环向应力云图（单位：Pa）

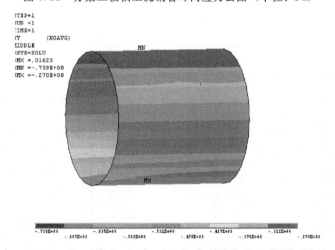

图 6.12 方案二校核工况钢管轴向应力云图（单位：Pa）

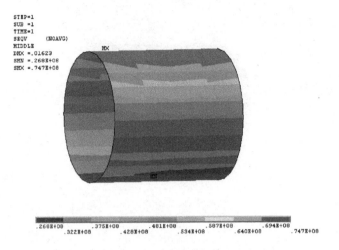

图 6.13　方案二校核工况钢管 Mises 应力云图（单位：Pa）

表 6.6　　　　　　　　　　　　方案二垫层钢管的环向及轴向应力　　　　　　　　　单位：MPa

工况	断面	A（管右）			B（管顶）		
		σ_θ	σ_z	σ_m	σ_θ	σ_z	σ_m
运行	上游端	167.44	23.66	164.15	157.49	2.27	156.33
	缝上游侧	159.49	0.09	162.34	165.00	−13.89	172.01
	缝下游侧	159.79	0.10	162.48	164.82	−14.81	172.33
	下游端	167.50	9.99	163.40	157.21	−5.91	160.22
校核	上游端	−1.43	−51.51	50.81	0.29	−71.73	71.94
	缝上游侧	−1.46	−51.51	50.79	0.07	−71.86	71.95
	缝下游侧	0.00	−35.38	35.38	−0.49	−51.00	50.75
	下游端	−0.06	−36.25	36.22	−0.63	−49.95	49.63
工况	断面	C（管左）			D（管底）		
		σ_θ	σ_z	σ_m	σ_θ	σ_z	σ_m
运行	上游端	167.44	23.65	164.16	178.35	23.45	167.83
	缝上游侧	159.52	0.13	162.34	172.65	20.74	163.57
	缝下游侧	159.82	0.12	162.50	171.80	21.56	162.41
	下游端	167.50	10.03	163.39	177.75	38.04	162.09
校核	上游端	−1.43	−51.49	50.78	−0.99	−29.75	29.19
	缝上游侧	−1.47	−51.49	50.76	−1.06	−29.59	28.99
	缝下游侧	0.00	−35.36	35.37	0.58	−23.83	24.13
	下游端	−0.06	−36.24	36.21	0.50	−24.44	24.69

在运行工况下图 6.8～图 6.10 给出了垫层钢管结构的环向、轴向及 Mises 等效应力云

图。由图 6.8 给出的环向应力云图看出，最大环向应力值为 $\sigma_{\theta max} = 181.0$MPa，该值发生在垫层钢管的下游端下表面，下表面的应力值大都在 175.0～181.0MPa 范围内，最小环向应力值为 $\sigma_{\theta min} = 153.0$MPa，该值发生在垫层钢管的下游 3.0m 处的上表面，上表面的应力值大都在 153.0～159.0MPa 范围内。由图 6.9 给出的轴向应力云图看出，最大轴向应力值为 $\sigma_{z max} = 43.0$MPa（拉），该值发生在垫层钢管的下游端下表面，最小轴向应力值为 $\sigma_{z min} = -31.7$MPa（压），该值发生在垫层钢管的下游端上表面，在运行工况下垫层钢管发生弯曲变形。由图 6.10 给出的 Mises 等效应力云图看出，最大 Mises 等效应力值为 $\sigma_{m max} = 184.0$MPa，该值发生在垫层钢管的分缝处上表面，最小 Mises 等效应力值为 $\sigma_{m min} = 151.0$MPa，该值发生在垫层钢管的分缝处的右下侧面。由最大环向、轴向及 Mises 等效应力值看出，它们都没有超过在第 2 章的表 2.1 中列出的调质钢钢材的抗力限值 $\sigma_R = 286.7$MPa。这表明在结构分缝方案二情况下垫层钢管代替伸缩节的方案是可行的。

在校核工况下图 6.11～图 6.13 给出了垫层钢管结构的环向、轴向及 Mises 等效应力云图。由图 6.11 给出的环向应力云图看出，最大环向应力值为 $\sigma_{\theta max} = 4.61$MPa（受压），该值发生在垫层钢管的分缝上游 3.0m 处的右下侧面，最小环向应力值为 $\sigma_{\theta min} = 1.92$MPa（受拉），该值发生在垫层钢管的分缝上游 3.0m 处的左上侧面，环向应力值大都在 -4.61～1.41MPa 范围内。由图 6.12 给出的轴向应力云图看出，最大轴向应力值为 $\sigma_{z max} = 73.9$MPa（压），该值发生在垫层钢管的上表面，上表面的应力值大都在 -73.9～-69.7MPa 范围内，最小轴向应力值为 $\sigma_{z min} = 27.0$MPa（压），该值发生在垫层钢管的分缝上游处下表面，下表面的应力值大都在 -27.0～22.2MPa 范围内。由图 6.13 给出的 Mises 等效应力云图看出，最大 Mises 等效应力值为 $\sigma_{m max} = 74.7$MPa，该值发生在垫层钢管的上表面，上表面的应力值大都在 69.4～74.7MPa 范围内，最小 Mises 等效应力值为 $\sigma_{m min} = 26.8$MPa，该值发生在垫层钢管的下表面，下表面的应力值大都在 26.8～32.2MPa 范围内。由最大环向、轴向及 Mises 等效应力值看出，在校核工况下垫层钢管的结构方案二的应力值比结构方案一的应力值要高出 50MPa 左右，其主要原因是厂坝分缝处分缝连接高程在 1206.40m 以下，垫层钢管要独立承担厂坝分缝处的变形引起的内力，但它们都没有超过在第 2 章的表 2.1 中列出的调质钢钢材的抗力限值 $\sigma_R = 286.7$MPa。由此看出，结构分缝方案二情况下垫层钢管代替伸缩节的方案同样是可行的。

总之，垫层钢管最大 Mises 等效应力值为 $\sigma_{m max} = 184.0$MPa，该值没有超过调质钢钢材的抗力限值 $\sigma_R = 286.7$MPa，满足结构要求。在结构分缝方案二的情况下，采用垫层钢管代替伸缩节的方案是可行的。

6.3.3 垫层钢管结构分析总结

龙开口水电站引水钢管在下平段设置垫层钢管代替伸缩节，垫层钢管的长度为 11.0m，在坝体及厂房部分的长度均为 5.5m，钢管厚度为 28mm。钢管设置垫层的管段四周 360°全包软垫层，软垫层的厚度为 5cm。在研究中，考察厂坝间设结构缝的连接高程方案对垫层钢管结构的影响，给出各种工况下垫层钢管结构变形及应力的研究成果，现把垫层钢管结构研究成果给出如下总结。

1. 变形分析

垫层钢管设计的控制工况：通过研究把运行工况（＋温升）作为垫层钢管设计的控制工况。

（1）结构方案一。下游端与上游端间的垫层钢管轴向相对缩短位移值［管顶 B 点为 -0.36mm、管侧 A（C）为 -0.15mm、管底 D 点为 -0.12mm］，下游端与上游端的断面相互靠近，其量值非常小。混凝土厂坝分缝处轴向相对位移值（缝底 E 为 0.0mm、缝中 F 为 0.02mm、G 缝顶为 0.04mm），缝下游侧与缝上游侧的轴向相对位移值是相互分离，其量值非常小。垫层钢管竖向相对位移：竖向相对位移值［管顶 B 点为 0.59mm、管侧 A（C）为 -3.60mm、管底 D 点为 1.03mm］，其量值非常小。混凝土厂坝分缝处竖向相对位移值（缝底 E 为 0.0mm、缝中 F 为 -1.39mm、G 缝顶为 -3.06mm），缝下游侧与缝上游侧的竖向相对位移值表明两侧面是上游侧向上、下游侧向下相互错动，其最大量值为 3.06mm。

（2）结构方案二。下游端与上游端间的垫层钢管轴向相对缩短位移值［管顶 B 点为 -3.09mm、管侧 A（C）为 -1.96mm、管底 D 点为 -0.72mm］，下游端与上游端的断面相互靠近，其最大量值为 3.09mm。混凝土厂坝分缝处轴向相对位移值［缝顶 B 为 -3.13mm、缝中侧 A（C）为 -2.19mm、D 缝顶为 -0.54mm］，缝下游侧与缝上游侧的轴向相对位移值是相互靠近，其最大量值为 3.13mm。垫层钢管竖向相对位移：竖向相对位移值［管顶 B 点为 0.57mm、管侧 A（C）为 -3.58mm、管底 D 点为 1.16mm］，其最大量值为 3.58mm。混凝土厂坝分缝处竖向相对位移值［缝顶 B 为 0.88mm、缝中侧 A（C）为 0.83mm、D 缝顶为 0.03mm］，缝下游侧与缝上游侧的竖向相对位移值表明两侧面是上游侧向下、下游侧向上互相错动，其最大量值为 0.83mm。

两种结构方案位移结果比较：结构方案二的垫层钢管轴向相对缩短位移值比结构方案一的轴向相对缩短位移值要大些，结构方案二的竖向相对位移值与结构方案一的竖向相对位移值相一致。由此看出，结构方案二的分缝结构措施对垫层钢管位移影响不大。

2. 应力分析

（1）结构方案一。垫层钢管轴向应力最大值为 42.47MPa，该值发生在管中侧 A（C）点，垫层钢管结构上的轴向应力值变化不大。垫层钢管环向应力值为 178.32MPa，该值发生在管底 D 点。

（2）结构方案二。垫层钢管轴向应力值变化范围为 $-31.7\sim43.0$MPa，轴向应力值变化范围大，其中管顶 B 点为压应力，管底 D 点为拉应力，垫层钢管产生弯曲效应，这主要是结构方案二的分缝使垫层钢管的受力发生了变化。垫层钢管环向应力与结构方案一情况下的应力变化基本一致。

两种结构方案应力结果比较：结构方案一的轴向应力与结构方案二的轴向应力比较，由于结构方案二的分缝使垫层钢管产生弯曲效应。在环向应力的比较中，结构方案一与结构方案二的环向应力值几乎完全一致。由此看出，结构方案二的分缝结构措施使垫层钢管应力变化范围加大。

总之，结构方案一与结构方案二比较，垫层钢管结构的变形及受力都发生了改变，从考察垫层钢管结构的可行性来看，两种结构方案都是可行的。但从优化结构方案的角度来看，结构方案一从结构变形到结构受力方面都优于结构方案二。

6.4　小结

在采用垫层钢管代替伸缩节的可行性研究中，各种计算工况中只根据结构的静力分析结果给出以下结论：

（1）对于结构方案一，垫层钢管的钢衬厚度为 28mm，垫层钢管结构的最大 Mises 等效应力值为 181.0MPa，方案二的最大 Mises 等效应力值为 184.0MPa，这些值都没有超过调质钢钢材的抗力限值 286.7MPa。因此，采用垫层钢管代替伸缩节，无论是对于结构方案一，还是结构方案二，都是可行的。从结构受力及变形的综合因素考虑，结构方案一是较优方案。

（2）在引起垫层钢管位移的各荷载中，水压是主要影响因素，其次是温变、结构自重荷载。所以在垫层钢管设计中，把运行工况（＋温升）作为垫层钢管设计的控制工况。

（3）对于结构方案一，在运行工况下垫层钢管结构上、下游两端的竖向相对位移的最大值为 3.10mm（下游端相对下降），这时混凝土位移变化规律与垫层钢管位移的变化规律是一致的。而且，混凝土的分缝处轴向、竖向相对位移值均较小，不会对垫层钢管的受力及变形造成影响，由此看出，采用垫层钢管代替伸缩节的方案都是可行的。

（4）对于结构方案二，垫层钢管结构竖向最大相对位移值为 3.59mm，使垫层钢管的上游端相对上升，下游端相对下降。厂坝分缝区域混凝土两侧面的竖向相对位移值的最大值为 3.60mm，使分缝面的上游侧上升、下游侧相对下降。垫层钢管与分缝区域混凝土之间的相对位移是协调的，并且位移值都不大。由此看出，采用垫层钢管代替伸缩节的方案都是可行的。

（5）由两种结构方案的位移结果比较，结构方案二的垫层钢管轴向相对缩短位移值比结构方案一的轴向相对缩短位移值要大些，结构方案二的竖向相对位移值与结构方案一的竖向相对位移值相一致。由此看出，结构方案二的分缝措施对垫层钢管位移影响不大。

（6）结构方案一与结构方案二比较，垫层钢管结构的变形及受力都发生了改变，从考察垫层钢管结构的可行性来看，两种结构方案都是可行的。但从优化结构方案的角度来看，结构方案一无论从结构变形到结构受力方面都优于结构方案二。

第7章　垫层钢管对蜗壳结构影响的研究

7.1　垫层钢管对蜗壳结构影响研究概述

比较蜗壳钢板与外包混凝土间光滑接触与摩擦接触对垫层段钢管应力与应变的影响，以及研究垫层钢管对蜗壳结构的影响。在压力钢管结构上采用伸缩节，使压力钢管结构的受力松弛，而垫层钢管代替伸缩节时，压力钢管作为受力结构要承担结构的内力，这种结构的内力同样要保证结构安全运行。很显然，采用伸缩节与垫层钢管代替伸缩节的两种结构方案对下游蜗壳结构应力与应变的影响是有差别的。本章研究蜗壳钢衬与外包混凝土间光滑接触与摩擦接触对由垫层钢管进入蜗壳段的钢衬应力与应变的影响，研究钢管及蜗壳结构的应力与应变变化规律，为垫层钢管代替伸缩节的设计提供依据。

7.2　进入蜗壳过渡段钢衬研究简介

7.2.1　研究方案

在各种工况作用下，蜗壳钢衬与外包混凝土间光滑接触与摩擦接触对由垫层钢管进入蜗壳段的钢衬应力与应变的影响，垫层钢管进入过渡段钢衬的各断面的相对位移和应力是研究的重点。在由垫层钢管进入蜗壳的过渡段中，过渡段钢衬的厚度为28mm。在所进行的计算分析中，大坝与厂房之间设永久结构缝的连接高程方案分为两种，其中方案一，厂坝连接高程在1220.40m以下（在垫层钢管以上有2m混凝土厚）；方案二，厂坝连接高程在1206.40m以下。在结构的受力及变形分析中，按照两种结构方案分别进行分析的同时，还要研究蜗壳钢衬与外包混凝土间光滑接触与摩擦接触两种连接方案。在结构的计算模型上，要模拟两种结构方案及两种连接方案的组合，研究各种因素对蜗壳段钢衬应力与应变的影响，通过计算，为垫层钢管的设计提供依据。

蜗壳过渡段钢衬应力及变形分析，考虑蜗壳钢衬与外包混凝土间光滑接触与摩擦接触两种连接方案对蜗壳过渡段钢衬的影响。在计算模型的模拟过程中，摩擦接触要求蜗壳钢衬与外包混凝土的对应结点变形协调，而光滑接触对蜗壳钢衬与外包混凝土的连接及变形不做上述要求。

7.2.2　研究成果

在考虑蜗壳钢衬与外包混凝土间光滑接触与摩擦接触因素对进入蜗壳段的钢衬应力与应变的影响，现取图7.1所示的几个控制断面及断面上关键点，对研究成果进行整理。其中图7.1中的管下游端是指垫层钢管的垫层钢管的下游断面，由垫层钢管下游端进入蜗壳钢衬的过渡段长度约5.5m，在距垫层钢管下游端5.5m长度上的中间断面为壳1断面，在距垫层钢管下游端5.5m长度上的末端为壳2断面，并把壳1断面、壳2断面作为垫层钢管进入蜗壳过渡段钢衬结构的控制断面，控制断面上的控制点位置设在断面的管侧 A 点（右）、管顶 B 点、管侧 C 点（左）、管底 D 点，把 A、B、C、D 各点作为垫层钢管控制断面上的控制点。

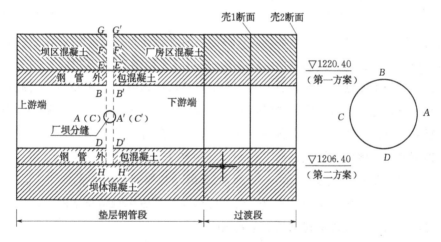

图 7.1　垫层钢管进入蜗壳过渡段的控制断面及关键点

7.3　蜗壳过渡段钢衬结构的分析

7.3.1　方案一蜗壳过渡段钢衬结构的分析

在对由垫层钢管进入蜗壳过渡段钢衬的受力研究中，考虑蜗壳钢衬与外包混凝土间摩擦接触与光滑接触因素对结构的影响。在蜗壳过渡段钢衬结构的计算模型上，将对连接高程方案一下的摩擦接触与光滑接触两种连接方案进行分析。其中，在由垫层钢管进入蜗壳的过渡段中，过渡段钢衬的厚度为 28mm。

1. 摩擦接触情况下蜗壳过渡段钢衬结构的分析

（1）过渡段钢衬变形分析。蜗壳过渡段钢衬结构在运行工况作用下，考虑蜗壳钢衬与外包混凝土间摩擦接触因素对结构的影响，给出蜗壳过渡段钢衬结构控制断面的相对位移，见表 7.1。表中列出了垫层钢管的缝下游侧各控制点的绝对位移及垫层钢管的下游端、蜗壳过渡段钢衬的壳 1 断面、壳 2 断面的相对位移。其中各控制断面的相对位移是指各控制断面各控制点的绝对位移值与垫层钢管缝下游侧各控制点相应的绝对位移值之差。

表 7.1　　　　　　　　　方案一摩擦接触过渡段钢衬相对位移表　　　　　　　　单位：mm

控制断面		A（右侧）		B（管顶）		C（左侧）		D（管底）	
		u_x	u_z	u_x	u_z	u_x	u_z	u_x	u_z
缝下游侧		3.18	−46.09	3.24	−55.88	3.18	−46.10	2.59	−38.93
相对位移	下游端	−0.24	−1.35	−0.29	−1.99	−0.24	−1.35	0.14	−1.05
	壳 1 断面	−0.30	−1.67	−0.40	−1.20	−0.30	−1.67	0.12	−0.76
	壳 2 断面	−0.39	−1.81	−0.48	−0.06	−0.39	−1.81	0.04	−0.24

由表 7.1 给出的方案一摩擦接触蜗壳过渡段钢衬结构相对位移值，在控制断面上的过渡段钢衬结构的相对位移按控制点 B（管顶）、A 和 C（管侧）、D（管底）列出。可以看出，在下游端、壳 1 断面、壳 2 断面上的各点轴向相对位移值中，除 D 点（管底）之外其余各点都是负值，这种负值表明过渡段钢衬有缩短变形。在下游端、壳 1 断面、壳 2 断面上的各点竖向相对位移值中，所有各点的值都是负值，这种负值表明过渡段钢衬各控制断面与垫层钢管缝下游侧断面比较是向下移动。其中在 B 点（管顶）、D 点（管底）各控制断面上的向下移动量是在减少，而在 A 和 C（管侧）各控制断面上的向下移动量是在增加。在图 7.2 给出了结构方案一蜗壳过渡段钢衬结构在摩擦接触情况下的轴向位移图，由图 7.2 中可以看出，过渡段钢衬结构变形是很小的。

（2）过渡段钢衬的受力分析。蜗壳过渡段钢衬结构在运行工况作用下，考虑蜗壳钢衬与外包混凝土间摩擦接触因素对结构的影响，给出蜗壳过渡段钢衬结构控制断面上的环向、轴向及 Mises 等效应力，见表 7.2。

表 7.2　　　　　　　方案一摩擦及光滑接触过渡段钢衬断面控制点应力表　　　　　　单位：MPa

控制断面	控制点	摩擦接触			光滑接触		
		σ_θ	σ_z	σ_m	σ_θ	σ_z	σ_m
缝下游侧	A	160.19	34.00	149.20	155.86	−3.12	161.88
	B	165.70	36.83	150.10	168.59	−5.46	154.79
	C	160.21	34.01	149.22	155.90	−3.14	161.93
	D	171.97	32.75	158.49	180.33	11.88	174.72

控制断面	控制点	摩擦接触			光滑接触		
		σ_θ	σ_z	σ_m	σ_θ	σ_z	σ_m
下游端	A	167.56	28.46	155.99	168.66	−2.29	171.25
	B	157.34	22.53	147.33	157.00	3.13	155.43
	C	167.56	28.49	155.98	168.66	−2.30	171.25
	D	177.73	46.18	159.70	131.30	−31.85	150.13
壳1断面	A	166.02	32.85	152.47	168.19	−0.17	168.74
	B	158.48	29.66	145.88	157.57	−0.36	157.73
	C	166.03	32.87	152.46	168.19	−0.17	168.74
	D	177.00	37.76	161.45	184.86	−21.10	196.44
壳2断面	A	163.07	28.32	150.90	167.89	0.14	167.80
	B	161.87	28.52	149.58	158.48	0.03	158.44
	C	163.09	28.35	150.91	167.90	0.14	167.80
	D	174.39	30.64	161.27	193.27	3.29	191.68

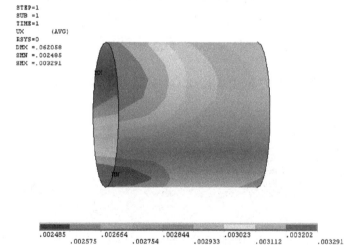

图7.2　方案一钢衬摩擦接触轴向位移图（单位：m）

由表7.2给出的方案一摩擦接触蜗壳过渡段钢衬结构上的环向、轴向及Mises等效应力，由各控制断面上的过渡段钢衬结构的应力值可以看出，在下游端D点（管底）上的环向应力值最大，其值为177.73MPa（受拉），而该点上的轴向应力值也比较大，其最大轴向应力值为46.18MPa（受拉）。最大的Mises等效应力值为161.45MPa，该值发生在过渡段钢衬结构上的壳1断面的D点（管底）上。

在图7.3～图7.5中给出了结构方案一过渡段钢衬摩擦接触连接情况下的环向、

轴向及 Mises 等效应力图，由图中给出的过渡段钢衬结构上的环向、轴向及 Mises 等效应力值看出，最大环向应力值为 181.0MPa（受拉），该值发生在垫层钢管下游侧的 D 点（管底）附近。而在过渡段钢衬结构上的环向应力值为 153.0～181.0MPa（图 7.3），轴向应力值为－31.7～43.0MPa（图 7.4），Mises 等效应力值为 143.0～178.0MPa（图 7.5）。在以上的过渡段钢衬结构的应力值，都小于钢材调质钢的抗力限值 286.7MPa，表明结构方案一在蜗壳采用摩擦接触情况下蜗壳过渡段钢衬结构的设计是安全的。

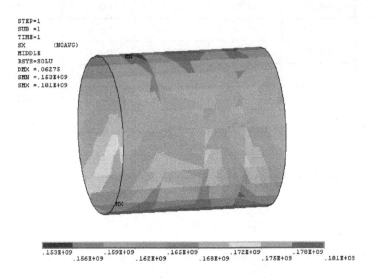

图 7.3　方案一钢衬摩擦接触环向应力图（单位：Pa）

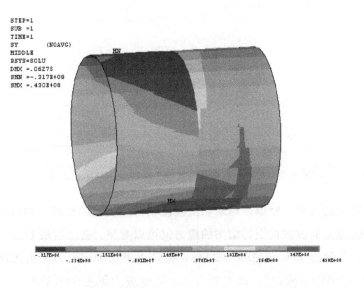

图 7.4　方案一钢衬摩擦接触轴向应力图（单位：Pa）

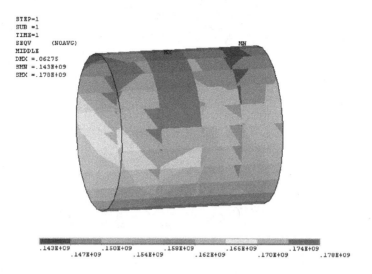

图 7.5 方案一钢衬摩擦接触等效应力图（单位：Pa）

2. 光滑接触情况下蜗壳过渡段钢衬的结构分析

（1）过渡段钢衬的变形分析。蜗壳过渡段钢衬结构在运行工况作用下，考虑蜗壳钢衬与外包混凝土间光滑接触因素对结构的影响，给出蜗壳过渡段钢衬结构控制断面的相对位移值，见表 7.3。表中列出了垫层钢管的缝下游侧各控制点的绝对位移及垫层钢管的下游端、蜗壳过渡段钢衬的壳 1 断面、壳 2 断面的相对位移。其中各控制断面的相对位移是指各控制断面各控制点的绝对位移值与垫层钢管缝下游侧各控制点相应的绝对位移值之差。

表 7.3 　　　　　　　　　　　　**方案一光滑接触过渡段钢衬相对位移表** 　　　　　　　　单位：mm

控制断面		A（右侧）		B（管顶）		C（左侧）		D（管底）	
		u_x	u_z	u_x	u_z	u_x	u_z	u_x	u_z
缝下游侧		1.96	-49.85	3.05	-65.12	1.96	-49.86	2.73	-15.81
相对位移	下游端	-1.09	-6.01	-0.57	-6.91	-1.09	-6.01	-1.43	13.52
	壳 1 断面	-1.62	-9.32	-1.02	-9.04	-1.62	-9.32	-2.27	13.57
	壳 2 断面	-2.13	-12.57	-1.48	-10.47	-2.13	-12.56	-2.90	13.60

由表 7.3 给出的方案一光滑接触蜗壳过渡段钢衬结构相对位移值。可以看出，在下游端、壳 1 断面、壳 2 断面上的各点轴向相对位移值中，各点的值都是负值，这种负值表明过渡段钢衬有缩短变形。在竖向位移中，下游端、壳 1 断面、壳 2 断面的各点竖向相对位移值都是负值，这种负值表明过渡段钢衬各控制断面相对于垫层钢管缝下游侧断面都是向下移动的。其中在 B 点（管顶）、D 点（管底）各控制断面的向下移动量是在减少，而在 A 和 C（管侧）各控制断面的向下移动量是在增加。在图 7.6 中给出了结构方案一过渡段钢衬结构在光滑接触情况下的轴向位移图，由图 7.6 看出，垫层钢管及蜗壳过渡段钢衬结

构的变形特点。

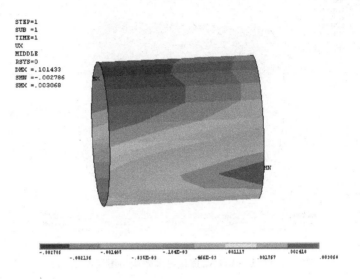

图 7.6　方案一钢衬光滑接触轴向位移图（单位：m）

（2）水冲压下过渡段钢衬的变形分析。蜗壳结构在受到水冲击压作用下，由于蜗壳结构与外包混凝土之间的初始缝隙存在，使蜗壳过渡段钢衬结构受到向下游移动的可能，由此给出了过渡段钢衬结构在水冲压下的各控制点位移表 7.4。由表 7.4 给出的结构方案一在光滑接触情况下蜗壳过渡段钢衬结构的相对位移值，可以看出，在下游端、壳 1 断面、壳 2 断面上的各点轴向相对位移值中，各点的值都是负值，这种负值表明过渡段钢衬有缩短变形。在下游端、壳 1 断面、壳 2 断面上的各点竖向相对位移值中，除 D 点（管底）之外所有各点的值都是负值，这种负值表明过渡段钢衬各控制断面的竖向位移相对于垫层钢管缝下游侧断面是向下移动的。其中在 B 点（管顶）各控制断面上的向下移动量是在增加的，其量值较大，而在 A 和 C（管侧）各控制断面上的向下移动量是在增加的，其量值很少。这时过渡段钢衬结构产生椭圆变形，其椭圆变形比值为 $(11.99+0.47)/D$（D 为钢管直径，mm），其比值为 2.246/1000000。在图 7.7 中给出了结构方案一在水冲压下过渡段钢衬结构的轴向位移图，由图 7.7 看出，过渡段钢衬结构的轴向位移值非常少。

表 7.4　　　　　　　　方案一在水冲压下过渡段钢衬控制点位移表　　　　　　　　单位：mm

控制断面		A（右侧）		B（管顶）		C（左侧）		D（管底）	
		u_x	u_z	u_x	u_z	u_x	u_z	u_x	u_z
缝下游侧		2.92	−49.42	3.34	−65.67	2.92	−49.43	3.79	−14.22
相对位移	下游端	−0.41	−3.41	−0.47	−7.80	−0.41	−3.41	−0.73	11.93
	壳 1 断面	−0.66	−4.46	−0.89	−9.87	−0.66	−4.46	−1.30	11.96
	壳 2 断面	−0.92	−4.83	−1.34	−10.47	−0.92	−4.83	−1.79	11.99

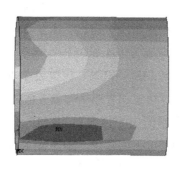

图 7.7 方案一在水冲压下钢衬轴向位移图（单位：m）

对于厂坝分缝结构方案一的过渡段钢衬结构位移分析，研究了蜗壳钢衬与外包混凝土间摩擦接触与光滑接触因素对结构的影响，在光滑接触情况下又考虑了水冲压因素作用，分别给出了表 7.1 的摩擦接触、表 7.3 光滑接触及表 7.4 在水冲压下过渡段钢衬相对位移表。由 3 个表的相对位移值比较，对于表 7.1 的摩擦接触情况，由于摩擦接触的影响，使过渡段钢衬结构的缩短（壳体结构的横向效应）量值最小。对于表 7.3 的光滑接触情况，由于光滑接触的影响，使过渡段钢衬结构的缩短（横向效应自由放松）量值最大。表 7.4 在水冲压下（初始缝隙设定为 2.0mm），使过渡段钢衬结构的缩短量值中等。由此看出，压力钢管结构在内水作用下，钢管结构主要受到环向拉应力，由于壳体结构的横向效应使壳体结构轴向缩短，如果壳体结构受到了约束作用，往往使壳体结构产生轴向拉应力。对于这结论，还可以从渡段钢衬结构的受力分析中得到印证。

（3）过渡段钢衬结构的受力分析。由表 7.2 给出了结构方案一在光滑接触情况下蜗壳过渡段钢衬结构各控制断面上的环向、轴向及 Mises 等效应力值，可以看出，在壳 2 断面 D 点（管底）上的环向应力值最大，其值为 193.27MPa（受拉），最大轴向应力值为 31.85MPa（受压），最大的 Mises 等效应力值为 196.44MPa，该值发生在过渡段钢衬结构上的壳 1 断面的 D 点（管底）上。下游端、壳 1、壳 2 等断面上的轴向应力值较小，其多数点上的值接近 0。在图 7.8～图 7.10 中给出了结构方案一过渡段钢衬光滑接触情况下的环向、轴向及 Mises 等效应力图，由附图中给出的应力值看出，最大环向应力值为 215.0MPa（受拉），该值发生在壳 1 断面的 D 点（管底）附近。过渡段钢衬结构上的环向应力值为 132.0～174.0MPa，轴向应力值为 6.06～26.7MPa，Mises 等效应力值为 140.0～159.0MPa。

总之，结构方案一在光滑接触情况下蜗壳过渡段钢衬结构的应力值，都小于钢材调质钢的抗力限值 286.7MPa，表明结构方案一在蜗壳采用光滑接触情况下各断面上的轴向应力值较小，对蜗壳钢衬结构受力影响不大。

（4）水冲压下过渡段钢衬的受力分析。由于蜗壳结构与外包混凝土之间的初始缝隙存在，在蜗壳结构在受到水冲击压作用下，使蜗壳过渡段钢衬结构有可能产生拉伸作用，由此给出了在水冲压下过渡段钢衬控制点应力表，见表 7.5。由表 7.5 给出的过渡段钢衬控制点上的应力看出，最大环向应力值为 184.30MPa，该值发生在垫层钢管的下游端 D 点（管底）处，最大的等效应力值为 187.48MPa，该值发生在垫层钢管的下游端 D 点（管底）处。由轴向应力可以看出，在垫层钢管段轴向应力值较大，而在过渡段钢衬的轴向应力值变大。在过渡段钢衬的最大轴向应力值为 19.10MPa。在图 7.11～图 7.13 中给出了结构方案一过渡段钢衬光滑接触情况下的环向、轴向及 Mises 等效应力图，由图 7.11～图 7.13 中可以看出过渡段钢衬结构上述的应力变形规律。

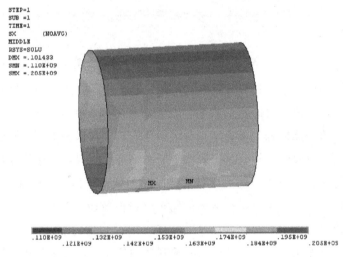

图 7.8　方案一钢衬光滑接触环向应力图（单位：Pa）

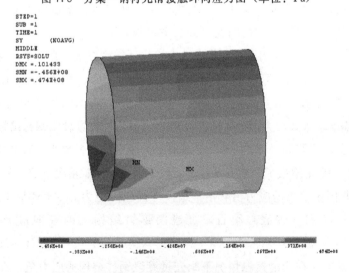

图 7.9　方案一钢衬光滑接触轴向应力图（单位：Pa）

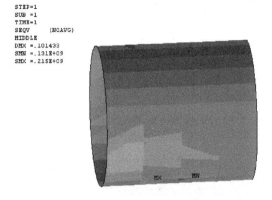

图 7.10 方案一钢衬光滑接触等效应力图（单位：Pa）

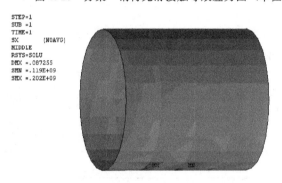

图 7.11 方案一在水冲压下钢衬环向应力图（单位：Pa）

图 7.12 方案一在水冲压下钢衬轴向应力图（单位：Pa）

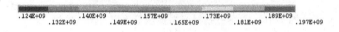

图 7.13　方案一在水冲压下钢衬等效应力图（单位：Pa）

表 7.5　　　　　　　方案一在水冲压下过渡段钢衬控制点应力表　　　　　　单位：MPa

控制断面	控制点	σ_θ	σ_z	σ_m
缝下游侧	A	156.77	25.81	151.23
	B	168.75	36.47	153.18
	C	156.81	25.80	151.27
	D	180.22	40.19	163.89
下游端	A	167.94	17.29	160.49
	B	157.54	0.43	157.30
	C	167.94	17.29	160.49
	D	184.30	-5.76	187.48
壳 1 断面	A	167.24	16.22	159.72
	B	157.92	-0.51	158.16
	C	167.24	16.23	159.72
	D	176.86	6.78	173.79
壳 2 断面	A	168.52	19.10	161.60
	B	157.06	5.55	154.33
	C	168.52	19.10	161.60
	D	138.00	-6.72	141.93

由表 7.2 给出的结构方案一摩擦及光滑接触蜗壳过渡段断面控制点应力、表 7.5 给出的方案一在水冲压下过渡段钢衬控制点应力表看出，对于表 7.2 的摩擦接触情况，过渡段钢衬结构的轴向应力值较大，对于表 7.2 的光滑接触情况，过渡段钢衬结构的轴向应力值较小。表 7.5 在水冲压下（初始缝隙设定为 2.0mm），过渡段钢衬结构的轴向应力值为中等。对于过渡段钢衬结构之所以有上述的轴向应力变化规律，是因为压力钢管结构在内水压力作用下，钢管结构主要受到环向拉应力，由于壳体结构的横向效应使壳体结构轴向缩短，当蜗壳结构与外包混凝土之间为摩擦接触情况下，过渡段钢衬结构的轴向变形受到了约束作用，因而产生了较大的轴向拉应力。对于光滑接触情况，过渡段钢衬结构的轴向变形不受约束（自由）作用，过渡段钢衬结构的轴向应力值就较小，以至于接近 0 值。表 7.5 在水冲压下（初始缝隙设定为 2.0mm），过渡段钢衬结构要拉长 2.0mm，相当于钢衬结构的缩短受到混凝土约束作用的情况下，使过渡段钢衬结构松弛了 2.0mm，结果使过渡段钢衬结构产生轴向拉应力减少，而没有完全达到光滑接触（自由）状态。

7.3.2 方案二蜗壳过渡段钢衬结构的分析

在研究蜗壳钢衬与外包混凝土间摩擦接触及光滑接触对由垫层钢管进入蜗壳段的钢衬应力与应变的影响中，在结构的计算模型上还要考虑光滑接触与摩擦接触两种结构方案。在下面的研究中将对连接高程方案二下的摩擦接触及光滑接触两种结构方案开展分析。

1. 摩擦接触情况下蜗壳过渡段结构的分析

（1）过渡段结构的变形分析。蜗壳过渡段钢衬结构在运行工况作用下，考虑蜗壳钢衬与外包混凝土间摩擦接触因素对结构的影响，给出蜗壳过渡段钢衬结构控制断面的相对位移，见表 7.6。表中列出了垫层钢管的缝下游侧各控制点的绝对位移及垫层钢管的下游端、蜗壳过渡段钢衬的壳 1 断面、壳 2 断面的相对位移。其中各控制断面的相对位移是指各控制断面各控制点的绝对位移值与垫层钢管缝下游侧各控制点相应的绝对位移值之差。

表 7.6 　　　　　　　　　方案二摩擦接触蜗壳过渡段相对位移表 　　　　　　　单位：mm

控制断面		A（右侧）		B（管顶）		C（左侧）		D（管底）	
		u_x	u_z	u_x	u_z	u_x	u_z	u_x	u_z
缝下游侧		2.83	−47.69	2.90	−56.48	2.83	−47.70	2.27	−40.76
相对位移	下游端	−1.13	−1.04	−1.64	−1.98	−1.13	−1.04	−0.16	−0.71
	壳 1 断面	−1.20	−1.05	−1.76	−1.21	−1.20	−1.05	−0.23	−0.12
	壳 2 断面	−1.26	−0.89	−1.81	0.05	−1.26	−0.89	−0.34	0.64

由表 7.6 给出的方案二摩擦接触蜗壳过渡段钢衬结构相对位移值，在控制断面上的过渡段钢衬结构的相对位移按控制点 B（管顶）、A 和 C（管侧）、D（管底）列出。可以看出，在下游端、壳 1 断面、壳 2 断面上的各点轴向相对位移值都是负值，这种负值表明过渡段钢衬有缩短变形趋势。在各断面控制点上的竖向相对位移值中，所有各点的值都是负值，它表明过渡段钢衬各控制断面相对于垫层钢管缝下游侧断面向下移动，其向下移动的位移量值逐渐减小，在壳 2 断面上 B 点（管顶）、D 点（管底）的相对位移值出现了正值，它表面该断面上的 B、D 点向上升，而这些量值都比较小。在图 7.14 给出了结构方案二蜗壳过渡段钢衬结构在摩擦接触情况下的轴向位移图，由图 7.14 中可以看出，过渡段钢衬结构变形是非常微小的。

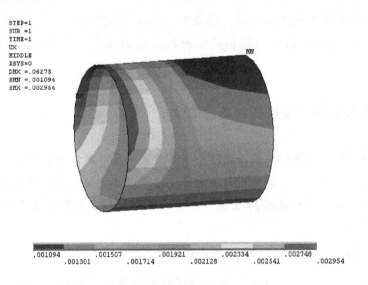

图 7.14　方案二钢衬摩擦接触轴向位移图（单位：m）

（2）过渡段钢衬结构的受力分析。由表 7.7 给出的方案二摩擦接触蜗壳过渡段钢衬结构上的环向、轴向及 Mises 等效应力，由各控制断面上的过渡段钢衬结构的应力值可以看出，在下游端的 D 点（管底）上的环向应力值最大，其值为 177.75MPa（受拉），最大轴向应力值为 38.04MPa（受拉），最大的 Mises 等效应力值为 172.33MPa，该值发生在过渡段钢衬结构上的缝下游侧 B 点（管顶）上。在图 7.15 ～图 7.17 中给出了结构方案二过渡段钢衬摩擦接触情况下的环向、轴向及 Mises 等效应力图，由图中的应力值看出，最大环向应力值为 181.0MPa（受拉），该值发生在缝下游侧的 D 点（管底）附近。过渡段钢衬结构上的环向应力值的变化范围为 153.0～178.0MPa。在摩擦接触的过渡段钢衬上的轴向应力值的变化范围为 18.1～43.0MPa，在垫层钢管段上的轴向应力值的变化范围为 −31.7～43.0MPa，该段上的轴向应力变化较大。Mises 等效应力值的变化范围为 140.0～159.0MPa。

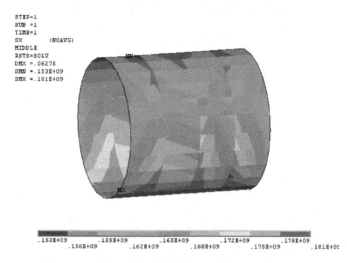

图 7.15 方案二钢衬摩擦接触环应力图（单位：Pa）

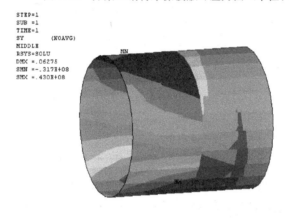

图 7.16 方案二钢衬摩擦接触轴应力图（单位：Pa）

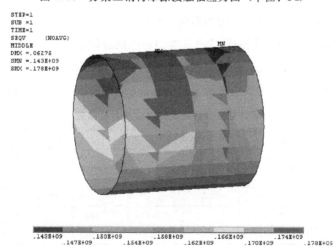

图 7.17 方案二钢衬摩擦接触等效应力图（单位：Pa）

表 7.7　　　　　　方案二摩擦及光滑接触过渡段钢衬断面控制点应力表　　　　单位：MPa

控制断面	控制点	摩擦接触			光滑接触		
		σ_θ	σ_z	σ_m	σ_θ	σ_z	σ_m
缝下游侧	A	159.79	0.10	162.48	155.96	−3.33	162.09
	B	164.82	−14.81	172.33	168.43	−5.47	154.66
	C	159.82	0.12	162.50	155.99	−3.35	162.13
	D	171.80	21.56	162.41	180.59	14.88	173.66
下游端	A	167.50	9.99	163.40	168.21	−0.16	168.77
	B	157.21	−5.91	160.22	157.57	−0.37	157.73
	C	167.50	10.03	163.39	168.21	−0.17	168.77
	D	177.75	38.04	162.09	184.77	−0.25	196.64
壳 1 断面	A	165.83	35.22	151.52	167.91	0.15	167.81
	B	158.18	33.30	144.38	158.49	0.03	158.45
	C	165.83	35.24	151.52	167.91	0.15	167.81
	D	177.00	35.00	162.33	193.46	3.34	191.85
壳 2 断面	A	163.03	30.17	150.22	168.69	−2.32	171.32
	B	161.93	31.39	148.66	157.00	3.14	155.43
	C	163.04	30.20	150.22	168.68	−2.33	171.32
	D	174.19	28.84	161.72	129.93	−31.56	148.61

　　从以上的过渡段钢衬结构的应力值看出，其最大应力值都小于钢材调质钢的抗力限值 286.7MPa，表明结构方案一在蜗壳采用摩擦接触情况下蜗壳过渡段钢衬结构的设计是安全的。

　　2. 光滑接触情况下过渡段钢衬结构的分析

　　(1) 过渡段钢衬结构的变形分析。蜗壳过渡段钢衬结构在运行工况作用下，考虑蜗壳钢衬与外包混凝土间光滑接触因素对结构的影响，给出蜗壳过渡段钢衬结构控制断面的相对位移值，见表 7.8。表中列出了垫层钢管的缝下游侧各控制点的绝对位移及垫层钢管的下游端、蜗壳过渡段钢衬的壳 1 断面、壳 2 断面的相对位移。其中各控制断面的相对位移是指各控制断面各控制点的绝对位移值与垫层钢管缝下游侧各控制点相应的绝对位移值之差。

表 7.8　　　　　　方案二光滑接触过渡段钢衬相对位移表　　　　单位：mm

控制断面		A（右侧）		B（管顶）		C（左侧）		D（管底）	
		u_x	u_z	u_x	u_z	u_x	u_z	u_x	u_z
缝下游侧		2.59	−51.97	4.27	−66.40	2.59	−51.98	2.87	−16.62
相对位移	下游端	−1.10	−6.87	−0.57	−7.37	−1.10	−6.87	−1.39	13.92
	壳 1 断面	−1.62	−10.65	−1.02	−9.77	−1.62	−10.65	−2.23	14.08
	壳 2 断面	−2.13	−14.35	−1.48	−11.45	−2.13	−14.35	−2.87	14.21

由表 7.8 可知，在光滑接触情况下过渡段钢衬结构各控制断面的轴向相对位移按 B（管顶）、A 及 C（管侧）、D（管底）逐渐减小。轴向相对位移值都是负值，它表明过渡段钢衬有缩短变形，轴向相对位移最大值为 2.87mm，其量值比较小。在竖向位移中，各断面的各点竖向相对位移值除 D 点（管底）外都是负值，这种负值表明过渡段钢衬各控制断面相对于垫层钢管缝下游侧断面都是向下移动的，其最大值为 14.35mm。在图 7.18 中给出了结构方案二过渡段钢衬在光滑接触情况下轴向位移图，由图中位移值看出，轴向相对位移值的变化范围为 $-2.578\sim4.268$mm，它与表 7.8 中给出的结果是一致的。

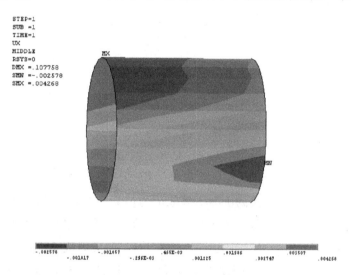

图 7.18　方案二钢衬光滑接触轴向位移图（单位：m）

（2）水冲压下过渡段钢衬的变形分析。蜗壳结构在受到水冲击压作用下，给出了在水冲压下过渡段钢衬控制点位移表 7.9。由表中计算结果看出，各断面各点上的轴向相对位移值都是负值，这种负值表明过渡段钢衬有缩短变形。在图 7.19 中给出了结构方案二在

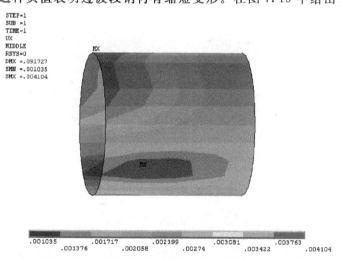

图 7.19　方案二在水冲压下钢衬轴向位移图（单位：m）

水冲压下过渡段钢衬的轴向位移图，其轴向位移值的变化范围在 1.035～4.104mm 之间，该计算结果与表 7.9 中的结果相一致。在各断面各点上的竖向相对位移值中，除 D 点（管底）之外所有各点的值都是负值，这种负值表明过渡段钢衬各控制断面相对于垫层钢管缝下游侧断面是向下移动。

表 7.9　　　　　　　**方案二在水冲压下过渡段钢衬控制点位移表**　　　　单位：mm

控制断面		A（右侧）		B（管顶）		C（左侧）		D（管底）	
		u_x	u_z	u_x	u_z	u_x	u_z	u_x	u_z
缝下游侧		3.32	−51.38	4.10	−66.78	3.32	−51.40	3.86	−14.99
相对位移	下游端	−0.61	−3.82	−0.84	−8.03	−0.61	−3.82	−0.73	12.29
	壳 1 断面	−0.96	−4.98	−1.45	−10.18	−0.96	−4.97	−1.34	12.44
	壳 2 断面	−1.32	−5.38	−2.10	−10.81	−1.32	−5.38	−1.86	12.57

（3）过渡段钢衬的受力分析。由表 7.7 给出的方案二光滑接触蜗壳过渡段钢衬结构上的环向、轴向及 Mises 等效应力，由各控制断面上的过渡段钢衬结构的应力值可以看出，在壳 1 断面 D 点（管底）上的环向应力值最大，其值为 193.46MPa（受拉），最大轴向应力值为 31.56MPa（受压），最大的 Mises 等效应力值为 196.64MPa，该值发生在下游端断面上的 D 点（管底）上。在图 7.20～图 7.22 中给出了结构方案一过渡段钢衬光滑接触情况下的环向、轴向及 Mises 等效应力图，由图中给出的应力值看出，最大环向应力值为 206.0MPa（受拉），该值发生在下游端断面的 D 点（管底）附近。过渡段钢衬结构上的环向应力值一般在 141.0～184.0MPa，轴向应力值为 −26.4～27.5MPa，Mises 等效应力值为 129.0～215.0MPa。

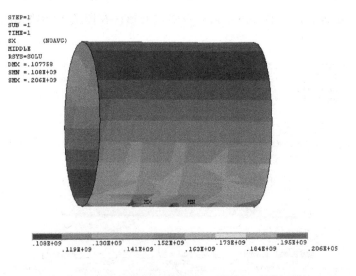

图 7.20　方案二钢衬光滑接触环向应力图（单位：Pa）

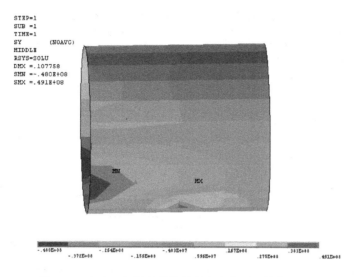

图 7.21 方案二钢衬光滑接触轴向应力图（单位：Pa）

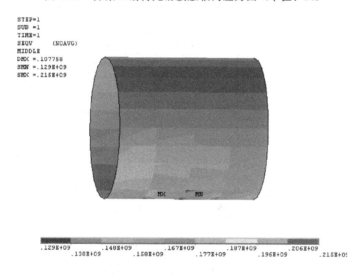

图 7.22 方案二钢衬光滑接触等效应力图（单位：Pa）

在以上的过渡段钢衬结构的应力值，都小于钢材调质钢的抗力限值 286.7MPa，表明结构方案一在蜗壳采用光滑接触情况下蜗壳过渡段钢衬结构的设计是安全的。

（4）水冲压下过渡段钢衬的受力分析。蜗壳结构在受到水冲击压作用下，给出了结构方案二过渡段钢衬控制点应力表 7.10。由表中应力可以看出，过渡段钢衬结构的轴向应力值较小。在图 7.23～图 7.25 中给出了结构方案二过渡段钢衬在光滑接触情况下的环向、轴向及 Mises 等效应力图，由图中给出的应力值看出，最大环向应力值为 203.0MPa（受拉），该值发生在下游端断面的 D 点（管底）附近。过渡段钢衬结构上的环向应力值一般为 117.0～203.0MPa，轴向应力值为 −17.4～82.9MPa，Mises 等效应力值为 123.0～198.0MPa。

表 7.10		方案二在水冲压下过渡段钢衬控制点应力表		单位：MPa
控制断面	控制点	σ_θ	σ_z	σ_m
缝下游侧	A	156.79	18.51	153.98
	B	168.40	22.14	157.94
	C	156.83	18.50	164.54
	D	180.45	41.63	163.67
下游端	A	168.54	11.54	164.85
	B	157.07	−8.79	161.62
	C	168.54	11.55	164.84
	D	136.91	−8.20	141.65
壳 1 断面	A	167.95	9.59	163.86
	B	157.54	−13.95	164.93
	C	167.95	9.60	163.86
	D	184.50	−8.51	189.15
壳 2 断面	A	167.22	8.46	163.13
	B	157.92	−14.90	165.85
	C	167.22	8.47	163.13
	D	175.81	3.52	174.31

图 7.23 方案二在水冲压下钢衬环向应力图（单位：Pa）

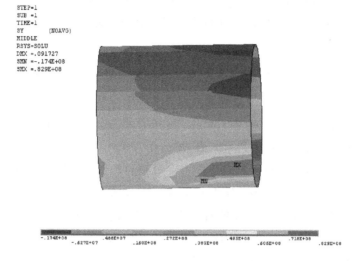

图 7.24　方案二在水冲压下钢衬轴向应力图（单位：Pa）

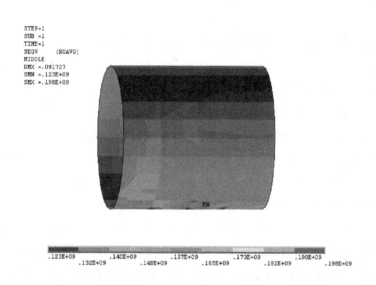

图 7.25　方案二在水冲压下钢衬等效应力图（单位：Pa）

在以上的过渡段钢衬结构的应力值，都小于钢材调质钢的抗力限值 286.7MPa，表明结构方案一在蜗壳采用光滑接触情况下蜗壳过渡段钢衬结构的设计是安全的。

7.3.3　蜗壳过渡段钢衬结构分析总结

大坝与厂房之间设永久结构缝的连接高程方案一是在 1220.4m 以下（在垫层钢管以上有 2m 混凝土厚）连接；方案二是在 1206.4m 以下连接。考察了蜗壳钢衬与外包混凝土间摩擦接触、光滑接触对蜗壳过渡段钢衬的影响，还研究了蜗壳结构在受到水冲击压作用下对蜗壳过渡段钢衬的影响。给出了垫层钢管进入蜗壳的过渡段钢衬的各断面的相对位移和应力分析。为了便于分析比较，所有的计算都在运行工况下进行。

1. 变形分析

对于结构方案一的轴向产生相对缩短位移（相对量值的比较断面相距 11m）：蜗壳钢衬与外包混凝土间光滑接触情况下沿轴向产生相对缩短位移值［以壳 2 断面为例，管顶 B 点为 -1.28mm、管侧 A（C）为 -2.13mm、管底 D 点为 -2.90mm］，比摩擦接触情况下沿轴向产生相对缩短位移值［类同，B 为 -0.48mm、A（C）为 -0.39mm、D 为 0.04mm］大，蜗壳结构在受到水冲击压作用下沿轴向产生相对缩短位移值［类同，B 为 -1.34mm、A（C）为 -0.92mm、D 为 -1.79mm］介于上述两种情况相对缩短位移值的之间。对于竖向产生相对位移：蜗壳钢衬与外包混凝土间光滑接触情况下沿竖向产生相对位移值［类同，B 为 -10.47mm、A（C）为 -12.57mm、D 为 13.60mm］，比摩擦接触情况下沿竖向产生相对位移值［B 为 -0.06mm、A（C）为 -1.81mm、D 为 -0.24mm］大，蜗壳结构在受到水冲击压作用下沿竖向产生相对位移值［B 为 -10.47mm、A（C）为 -4.83mm、D 为 11.99mm］介于上述两种情况相对位移值的之间，并且竖向产生相对位移值除管底相对位移值为正值之外其余各点的值都为负值，其负值表明蜗壳过渡段钢衬沿水流方向向下位移。

对于结构方案二的轴向产生相对缩短位移：蜗壳钢衬与外包混凝土间光滑接触情况下沿轴向产生相对缩短位移值［类同，B 为 -1.48mm、A（C）为 -2.13mm、D 为 -2.87mm］，比摩擦接触情况下沿轴向产生相对缩短位移值［类同，B 为 0.05mm、A（C）为 -1.26mm、D 为 -0.34mm］大，蜗壳结构在受到水冲击压作用下沿轴向产生相对缩短位移值［类同，B 为 -1.34mm、A（C）为 -0.92mm、D 为 -1.79mm］介于上述两种情况相对缩短位移值的之间。对于竖向产生相对位移：蜗壳钢衬与外包混凝土间光滑接触情况下沿竖向产生相对位移值，比摩擦接触情况下沿竖向产生相对位移值大，蜗壳结构在受到水冲击压作用下沿竖向产生相对位移值介于上述两种情况相对位移值的之间，并且竖向产生相对位移值除管底相对位移值为正值之外其余各点的值都为负值，其负值表明蜗壳过渡段钢衬沿水流方向向下位移。

两种结构方案位移结果比较：结构方案一与结构方案二在轴向产生相对缩短位移的比较中看到，结构方案一与结构方案二的轴向相对缩短位移值相差无几，结构方案二的轴向相对缩短位移量值稍微大一点。在竖向产生相对位移的比较中，结构方案一与结构方案二的竖向相对位移值相差无几，结构方案二的竖向相对位移量值稍微大一些（约 10%）。由此看出，结构方案二的分缝结构措施对蜗壳过渡段钢衬位移影响较小。

2. 应力分析

对于结构方案一的轴向应力（相对量值的比较断面相距 11m）：蜗壳钢衬与外包混凝土间光滑接触情况下沿轴向应力值，比摩擦接触情况下轴向应力值小，蜗壳结构在受到水冲击压作用下轴向应力值介于上述两种情况应力值的之间。对于环向应力：蜗壳钢衬与外包混凝土间光滑接触情况下环向应力值，与摩擦接触情况下环向应力值及蜗壳结构在受到水冲击压作用下环向应力值比较，相差无几。

对于结构方案二的轴向应力：蜗壳钢衬与外包混凝土间光滑接触情况下轴向应力值，比摩擦接触情况下沿轴向应力值小，蜗壳结构在受到水冲击压作用下轴向应力值介于上述两种情况应力值的之间。对于环向应力：蜗壳钢衬与外包混凝土间光滑接触情况下环向应力值，与摩擦接触情况下环向应力值及蜗壳结构在受到水冲击压作用下环向应力值比较，相差无几。

两种结构方案应力结果比较：结构方案一与结构方案二在轴向应力的比较中看到，结构方案一与结构方案二在相应的接触情况下的轴向应力值几乎完全一致。在环向应力的比较中，结构方案一与结构方案二的环向应力值几乎完全一致。由此看出，结构方案二的分缝结构措施对蜗壳过渡段钢衬应力影响较小。

7.4 小结

（1）过渡段钢衬结构上的环向应力最大值为 181.0MPa，Mises 等效应力最大值为 178.0MPa。以上过渡段钢衬结构的最大应力值都小于钢材调质钢的抗力限值 286.7MPa。这表明在蜗壳与外包混凝土间采用摩擦、光滑接触对蜗壳过渡段钢衬结构的受力影响不大，过渡段钢衬结构是安全的。

（2）对蜗壳与外包混凝土之间摩擦接触、光滑接触及在水冲压下蜗壳过渡段钢衬结构的相对位移值进行比较：对于摩擦接触情况，使过渡段钢衬结构的缩短量值最小；对于光滑接触情况，使过渡段钢衬结构的缩短（横向效应自由放松）量值最大；在水冲压下，使过渡段钢衬结构的缩短量值中等。由此给出结论，对于结构方案一情况下蜗壳与外包混凝土之间摩擦接触及光滑接触方案，过渡段钢衬结构变形状态不会有大的影响，两方案都是可行的，其中摩擦接触方案的变形更为优越。

（3）压力钢管结构在内水作用下，钢管结构主要受到环向拉应力，由于壳体结构的横向效应使壳体结构轴向缩短，如果壳体结构受到了外包混凝土约束作用，往往使壳体结构产生轴向拉应力。其中摩擦接触产生轴向拉应力较大，光滑接触拉应力较小，在水冲压下拉应力值中等。由此给出结论，蜗壳与外包混凝土之间摩擦接触及光滑接触方案，对过渡段钢衬结构环向拉应力不会有大的影响，而轴向拉应力值都比较小，因此两方案都是可行的，其中摩擦接触方案受力更为优越。

第8章 总　结

8.1　研究概述

　　针对龙开口水电站坝后式背管结构，开展了进水口渐变段钢衬结构的刚度、采用垫层钢管代替伸缩节可行性、钢衬钢筋混凝土结构弹塑性应力分析及考虑蜗壳结构与外包混凝土光滑接触或摩擦接触对蜗壳过渡段钢衬结构等问题的专题研究。给出了进水口渐变段钢衬结构、钢衬钢筋混凝土弹塑性分析结构及蜗壳过渡段钢衬结构等分析的局部结构计算模型。给出了进水口渐变段钢衬变形分析的结构刚度条件、坝体及背管结构的应力及变形计算、垫层钢管代替伸缩节可行性研究、钢衬钢筋混凝土结构方案讨论，以及结构配筋设计等研究内容。通过分析研究，为龙开口水电站引水压力钢管结构分析及设计给出以下结论及建议。

8.2　水电站坝后背管结构

8.2.1　坝后背管结构各段钢衬应力

　　对龙开口水电站引水压力钢管结构进行分析，给出坝后背管结构各段钢衬的应力，对于钢衬钢筋混凝土结构及垫层钢管结构，要给出钢衬及混凝土的承载比例及结构安全系数，见表8.1。

表8.1　　　背管结构各段钢衬、混凝土结构的承载比例及结构安全系数表

管段名称	进水口渐变段	上弯段	斜直段	下弯段	垫层钢管段	蜗壳过渡段
管段范围编号	1～2	2～4	4～6	6～8	8～9	9以上
钢材型号	16MnR	16MnR	16MnR	调质钢	调质钢	调质钢
内水水头压力/m	35.15～45.01	35.90～46.10	46.10～72.60	72.60～84.60	84.60	84.60

管段名称	进水口渐变段	上弯段	斜直段	下弯段	垫层钢管段	蜗壳过渡段
钢衬环向应力/MPa	43.0	155.0	128.62	198.0	196.0	196.44
钢衬承载比例系数		0.75	0.75		0.71	0.71
钢衬的安全系数	2.0	2.0	1.71	2.0	2.0	2.0
联合受力安全系数			2.34	2.12	2.12	2.12

8.2.2 坝后背管结构各段钢衬厚度

对龙开口水电站引水压力钢管结构进行分析，给出背管结构各段钢衬的厚度，参见表 8.2。

表 8.2   **背管结构各段钢衬结构设计结果表**

管段名称	进水口渐变段	上弯段	斜直段	下弯段	垫层钢管段	蜗壳过渡段
管段范围编号	1～2	2～4	4～6	6～8	8～9	9 以上
钢材型号	16MnR	16MnR	16MnR	调质钢	调质钢	调质钢
环筋配置	加劲环及锚筋		3 层 ϕ 40@200			
钢衬厚度/mm	20	20	26	28	28	28

8.3 结论

8.3.1 水电站坝后背管结构的专题研究

根据龙开口水电站坝后背管结构的工程布置，列出了国内有关的进水口渐变段钢衬结构的工程实例、水电站坝后背管结构取消伸缩节的工程实践、钢衬钢筋混凝土结构研究等研究专题，收集了可供借鉴的工程科研、设计、观测等工程实践资料。通过研究，在龙开口水电站引水钢管分析方面，给出如下结论：

（1）开展龙开口水电站引水钢管的进水口渐变段钢衬结构刚度设计准则研究，采用进水口渐变段钢衬局部结构计算模型较准确的评估结构的安全。

（2）开展蜗壳结构与外包混凝土光滑及摩擦接触对蜗壳过渡段钢衬结构的影响研究，为蜗壳钢衬结构受力分析提供了依据。

8.3.2 水电站坝后背管结构计算模型

在对龙开口水电站工程坝后背管结构计算模型讨论中，除建立了大坝与背管结构的整体结构计算模型对整体结构开展结构受力分析之外，还提出进水口渐变段钢衬结构、钢衬钢筋混凝土结构等局部结构计算模型的建议，以补充对细部结构影响的研究。

8.3.3 进水口渐变段钢衬结构分析及配筋计算

在进水口渐变段钢衬结构分析中，考虑真空作用下渐变段钢衬结构不能采用结构稳定性准则进行设计，也不能采用结构强度准则进行设计，只能采用结构的刚度准则进行设计，于是提出了以下结论：

(1) 龙开口水电站进水口渐变段钢衬结构，在内部真空度 0.2MPa 的吸力（安全系数取 2）作用下，钢衬结构的最大法向位移 $\Delta=0.023$mm，渐变段钢衬结构具有足够的刚度，结构是安全的。

(2) 进水口渐变段钢衬结构在真空度 0.2MPa 作用下，使钢衬结构除产生弯曲应力之外还产生膜应力，结构应力状态非常复杂，在加劲环处的钢衬结构应力集中点上应力值很高。而对于钢衬结构非加劲环处的其他部位的应力值较低，并且应力分布较均匀。

(3) 加劲环结构在真空度 0.2MPa 作用下，加劲环结构尖角处的应力集中点上应力值很高，而其他部位的应力值较低，一般应力值没有超过 52.6MPa，并且应力分布较均匀。

(4) 孔口闸门段坝体结构应力值都比较低，从结构强度上看，孔口闸门段坝体结构采用常规的配筋就能满足结构的强度条件。坝体结构应力值最大的闸门槽下游断面的环向应力的最大值为 3.75MPa（拉），该值发生在闸门槽孔口下面 2 个尖角处。

8.3.4 水电站坝后背管结构分析

对水电站坝后背管结构分析作了概述，开展了水电站坝后背管结构分析研究，对坝后背管结构计算结果分析，给出以下结论：

(1) 坝体结构在运行工况下绝大部分区域为压应力，第一主应力的值为 5.79MPa（拉）范围内，该值位于坝踵处，受拉区域范围约为 2.5m×1.0m（长×宽）。

(2) 管坝接缝面的最大剪应力值为 1.34MPa，尽管剪应力值已超过素混凝土的允许抗剪强度 0.98～1.10MPa（混凝土 C20～C25），然而剪应力值均不大，由此给出的管坝接缝面布置采用 φ40@200，Ⅱ级钢筋，按 3 层布置，管坝连接是安全的。

(3) 上弯段钢衬结构的变形姿态及受力较复杂，在接近渐变段的下表面处钢衬出现了最大轴向拉应力值 162.0MPa。

（4）下弯段钢管结构的变形姿态较复杂，受力较严重，在运行工况下钢管结构最大环向应力值 187.0MPa。最大 Mises 等效应力值 198.0MPa，下弯段钢管结构安全。

（5）由大坝结构的变形来看，大坝顺河向位移值较大，而竖向位移值较小，这表明大坝结构竖向刚度大。由压力钢管结构的变形来看，钢管结构顺河向位移值较小，而竖向位移值较大，这表明钢管结构顺河向刚度大。由此可利用两种结构各自变形特点，改善整体结构的受力。

8.3.5 钢衬钢筋混凝土坝后背管非线性分析

根据对龙开口水电站钢衬钢筋混凝土坝后背管 4 个计算方案的分析比较，可以得出以下结论：

（1）当内水压力较小时，荷载全部由钢衬承担，而当荷载增加到一定值时，钢衬完成自由变形与混凝土完全接触而共同承受荷载。因此钢衬钢筋混凝土压力钢管工作可分为两大阶段：第一阶段钢衬单独承受荷载；第二阶段钢衬与混凝土完全接触，钢衬钢筋混凝土联合承载。在第二阶段的联合承载时，混凝土又可分为弹性、塑性、开裂三个过程。

（2）在第一阶段钢衬单独承载时，随着内水压力的增加，钢衬的环向应力逐渐增大，并且其数值与锅炉公式的计算结果相一致。

（3）随着内水压力的增加，钢衬及钢筋混凝土管的环向和径向应力都明显增加，钢筋混凝土管的承载比例也逐渐增大，但增幅较小；钢衬的承载比例系数缓慢减小，但当钢筋混凝土管接近破坏时，钢衬的承载比例系数趋于平缓。

（4）增大外包混凝土的厚度，对提高管道的联合承载能力并没有明显增加。如方案一（钢衬厚度 26mm，外包混凝土厚度 1.5m）比方案二（钢衬厚度 24mm，外包混凝土厚度 2.0m）厚 2mm，而方案二外包混凝土比方案一厚 0.5m，当两个方案的极限承载能力相差不多，分别为 1.96MPa 和 1.89MPa。

（5）对于预应力钢衬钢筋混凝土结构方案，当采用 3 束 $\phi^s15@333$ 的预应力钢绞线时，按照抗裂设计原则，其承载能力可达到 1.02MPa，满足设计要求。并且采用预应力钢衬钢筋混凝土结构方案钢衬壁厚可减小 2mm，其受力钢筋可节省 70% 左右，同时还可以避免裂缝的出现。可见，预应力钢衬钢筋混凝土结构方案可作为结构设计方案。

（6）对于下平段采用垫层钢管，当钢衬厚度为 28mm 时，其极限承载能力可达到 2.52MPa，满足要求。但钢筋混凝土管的上半圆应力分布比较复杂，钢筋混凝土管的裂缝也首先在上半圆出现。

（7）当内水压力增大时，钢筋混凝土管的应力值逐渐增大，但是环向应力值明显大于径向应力值，因此，无论方案一还是方案二其钢筋混凝土管的破坏都是沿管环向的受拉破坏。

8.3.6 采用垫层钢管代替伸缩节研究

介绍了垫层钢管代替伸缩节研究工程实践，给出了垫层钢管结构分析的计算模型，对垫层钢管结构的进行了受力及变形分析，给出以下结论：

(1) 对于结构方案一，垫层钢管的钢衬厚度为 28mm，垫层钢管结构的最大 Mises 等效应力值为 181.0MPa，方案二的最大 Mises 等效应力值为 184.0MPa，这些值都没有超过钢材调质钢的抗力限值 286.7MPa。因此，采用垫层钢管代替伸缩节，无论是对于结构方案一，还是结构方案二，都是可行的。从结构受力及变形的综合因素考虑，结构方案一是较优方案。

(2) 对于结构方案一，在运行工况下垫层钢管结构上、下游两端的竖向相对位移的最大值为 3.10mm（下游端相对下降），这些混凝土位移值变化规律与垫层钢管位移的变化规律是一致的。而且，混凝土的分缝处轴向、竖向相对位移值均较小，不会对垫层钢管的受力及变形造成影响，由此看出，采用垫层钢管代替伸缩节的方案都是可行的。

(3) 对于结构方案二，垫层钢管结构竖向最大相对位移值为 3.59mm，使垫层钢管的上游端相对上升，使下游端相对下降。厂坝分缝区域混凝土两侧面的轴向相对位移是相互靠近的，竖向相对位移值的最大值为 3.60mm，使分缝面的上游侧上升、下游侧相对下降。垫层钢管与分缝区域混凝土之间的相对位移是协调的，并且位移值都不大。由此看出，采用垫层钢管代替伸缩节的方案都是可行的。

(4) 由两种结构方案位移结果比较看，结构方案二的垫层钢管轴向相对缩短位移值比结构方案一的轴向相对缩短位移值要大些，结构方案二的竖向相对位移值与结构方案一的竖向相对位移值相一致。由此看出，结构方案二的分缝结构措施对垫层钢管位移影响不大。

(5) 结构方案一与结构方案二比较，垫层钢管结构的变形及受力都发生了改变，从考查垫层钢管结构的可行性来看，两种结构方案都是可行的。但从优化结构方案的角度来看，结构方案一无论从结构变形到结构受力方面都优于结构方案二。

8.3.7 垫层钢管对蜗壳结构影响的研究

(1) 过渡段钢衬结构上的环向应力最大值为 181.0MPa，Mises 等效应力最大值为 178.0MPa。以上过渡段钢衬结构的最大应力值都小于钢材调质钢的抗力限值 286.7MPa。表明在蜗壳与外包混凝土间采用摩擦、光滑接触对蜗壳过渡段钢衬结构的受力影响不大，过渡段钢衬结构是安全的。

(2) 蜗壳与外包混凝土之间摩擦接触、光滑接触及在水冲压下蜗壳过渡段钢衬结构的相对位移值进行比较：对于摩擦接触情况，使过渡段钢衬结构的缩短量值最小；对于光滑接触情况，使过渡段钢衬结构的缩短（横向效应自由放松）量值最大；在水冲压下，使过渡段钢衬结构的缩短量值中等。由此给出结论，对于结构方案一情况下蜗壳与外包混凝土之间摩擦接触及光滑接触方案，过渡段钢衬结构变形状态不会有大的影响，两方案都是可行的，其中光滑接触方案的变形更为优越。

（3）压力钢管结构在内水作用下，钢管结构主要受到环向拉应力，由于壳体结构的横向效应使壳体结构轴向缩短，如果壳体结构受到了外包混凝土约束作用，往往使壳体结构产生轴向拉应力。其中摩擦接触产生轴向拉应力较大，光滑接触拉应力较小，在水冲压下拉应力值中等。由此给出结论，蜗壳与外包混凝土之间摩擦接触及光滑接触方案，对过渡段钢衬结构环向拉应力不会有大的影响，而轴向拉应力值都比较小，因此两方案都是可行的，其中光滑接触方案受力更为优越。

8.4　建议

8.4.1　水电站坝后背管结构的专题研究

根据龙开口水电站坝后背管结构的工程布置，列出了国内有关的进水口渐变段钢衬结构的工程实例、水电站坝后背管结构取消伸缩节的工程实践、钢衬钢筋混凝土结构研究等研究专题，收集了可供借鉴的工程科研、设计、观测等工程实践资料。建议如下：

（1）提出了开展龙开口水电站引水钢管的进水口渐变段钢衬结构刚度设计准则研究的建议。并给出了龙开口引水钢管进水口渐变段钢衬结构的局部结构计算模型。

（2）提出了开展蜗壳结构与外包混凝土光滑及摩擦接触对蜗壳过渡段钢衬结构的影响研究的建议。

8.4.2　水电站坝后背管结构计算模型

在对龙开口水电站工程坝后背管结构计算模型讨论中，除建立了大坝与背管结构的整体结构计算模型对整体结构开展结构受力分析之外，还提出进水口渐变段钢衬结构、钢衬钢筋混凝土结构等局部结构计算模型的建议，以补充对细部结构影响的考虑。

8.4.3　进水口渐变段钢衬结构分析及配筋计算

在进水口渐变段钢衬结构分析中，考虑真空作用下渐变段钢衬结构不能采用结构稳定性准则进行设计，只能采用结构的刚度准则进行设计，于是提出了以下建议：

（1）为了改善钢衬结构应力分布状态，提高渐变段钢衬结构的强度及刚度，建议在1～4号加劲环间，增加径向约束的锚筋及横向加劲肋，以改善进水口渐变段钢衬结构的受力条件。

（2）目前，渐变段钢衬结构刚度条件的依据是《钢结构设计规范》（GB 50017—2003）及《水电站厂房设计规范》（SL 266—2014）条款。为此建议，是否以钢管与混凝土之间脱空的缝隙大小为标准，建立进水口渐变段钢衬结构的刚度设计准则。

8.4.4 水电站坝后背管结构分析

对坝后背管结构给出以下建议：

（1）管坝接缝面的典型断面及设定点的剪应力值达到1.34MPa，超过素混凝土的允许抗剪强度，因此建议沿键槽表面布置剪切受力锚筋，采用ϕ40@200，II级钢筋，按3层布置。

（2）下弯段钢管结构的变形姿态较复杂，受力较严重，在接近斜直段的侧表面处钢衬发生了轴向压应力182.0MPa。

8.4.5 钢衬钢筋混凝土坝后背管非线性分析

根据对龙开口水电站钢衬钢筋混凝土坝后背管4个计算方案的分析比较，给出以下建议：

（1）建议龙开口水电站坝后背管采用预应力钢衬钢筋混凝土结构方案，当采用3束ϕ^s15@333的预应力钢绞线时，按照抗裂设计原则，其承载能力可达到1.02MPa，满足设计要求。并且采用预应力钢衬钢筋混凝土结构方案钢衬壁厚可减小2mm，其受力钢筋可节省70%左右，同时还可以避免裂缝的出现。另外，外包混凝土厚度可以减薄到1.0m。

（2）对于坝后背管斜直段建议采用钢衬壁厚采用26mm，外包混凝土厚度1.5m。这样安全系数可以得到保证，满足工程需要。

8.4.6 采用垫层钢管代替伸缩节研究

采用垫层钢管代替伸缩节，厂坝间分缝结构方案一及结构方案二比较，建议采用结构方案一。

8.4.7 垫层钢管对蜗壳结构影响的研究

建议蜗壳与外包混凝土之间采用摩擦接触方案，过渡段钢衬结构变形状态不会有大的影响，受力也较合理。

参 考 文 献

[1] SL 281—2003 水电站压力钢管设计规范 [S]. 北京：中国水利水电出版社，2003.

[2] SL 191—2008 水工混凝土结构设计规范 [S]. 北京：中国水利水电出版社，2008.

[3] DL/T 5141—2001 水电站压力钢管设计规范 [S]. 北京：中国电力出版社，2002.

[4] 江见鲸，陆新征，叶列平. 混凝土结构有限元分析 [M]. 北京：清华大学出版社，2005.

[5] 董哲仁，夏朴淳，沈星原，等. 超高水头钢衬钢筋混凝土明管结构试验及非线性分析 [J]. 水力学报，1993，7 (7)：18 - 27.

[6] 张武，董哲仁. 下游坝面管道非线性有限元全过程分析 [J]. 水工设计，1993，8 (4)：29 - 32.

[7] 李传才，刘幸，黄振兴，等. 坝后钢衬钢筋混凝土压力管道的非线性有限元分析 [J]. 武汉水利电力学院学报，1990，12 (6)：39 - 45.

[8] 生晓高，朱忠华. 坝下游面浅槽式钢衬钢筋混凝土管道结构分析 [J]. 水利技术监督，2001，10 (5)：41 - 43.

[9] 伍鹤皋，马善定. 三峡水电站压力管道非线性有限元分析 [J]. 武汉水利电力大学学报，1994，12 (6)：643 - 648.

[10] 沈聚敏. 钢筋混凝土有限元与板壳极限分析 [M]. 北京：清华大学出版社，1993.

[11] 潘家铮. 压力钢管 [M]. 北京：电力工业出版社，1982.

[12] 刘宪亮，常万光，温新丽. 水电站加劲压力钢管及厂坝联结形式优化 [M]. 郑州：黄河水利出版社，1998.

[13] 朱伯芳. 有限单元法原理与应用 [M]. 北京：中国水利水电出版社，1998.

[14] 董哲仁. 钢衬钢筋混凝土压力管道设计与非线性分析 [M]. 北京：中国水利水电出版社，1998.

[15] 刘东常，刘琰玲，孟闻远. 埋藏式压力钢管外压失稳屈曲分析的半解析有限元法 [J]. 水力发电学报，2004 (6)：84 - 87.

[16] 王树人，董毓新. 水电站建筑物 [M]. 北京：清华大学出版社，1984.

[17] 马文亮，刘东常，刘琰玲，等. 加劲环式压力钢管局部稳定性分析的有限柱壳单元法 [J]. 水利水电科技进展，2005 (2)：33 - 35.

[18] 马文亮. 埋藏式加劲压力钢管局部稳定性分析的有限柱壳元法 [D]. 郑州：华北水利水电学院硕士学位论文，2005.